生産加工学

― ものづくりの技術から
　　　　経済性の検討まで ―

博士（工学）　井上　孝司
博士（工学）　Petros Abraha
博士（工学）　酒井　克彦

共　著

コロナ社

まえがき

　わが国の自動車産業や電子機器産業，鉄鋼産業などにおけるものづくりは，技能と技術を融合させて世界に名だたる製品を送り出しています。このものづくりを機械工学の立場で捉えた場合，機械製品を製作するための生産技術であるといえます。機械製品をつくり上げるためには，機械工学に関わる専門的知識を駆使することが必要不可欠であり，これらを回避しての機械製作はありえないのです。

　一方，機械製品を製作するための知識を集約させた学問分野として「生産加工学」があり，機械技術を学ぶ者にとっては重要な位置を占めています。一般的に，利用者側のニーズや開発者側のシーズなどを基にして生まれた萌芽的考えを機械製品として具現化するには，さらに意匠・設計・製図などによる具体的検討を加えた後に，加工，検査・管理等の手順を経て製品化されています。

　このような過程を経て出来上がった製品の優劣を左右する要因の一つに品位があり，これを支配する因子として機械加工技術が存在します。当然ながら，高品位な機械製品には優れた加工技術が用いられており，高い技術力の適応が伴って，はじめて高品位である機械製品を生み出すことができます。この認識を踏まえれば，加工に関する知識を理解し，これを習得することを望む学生や技術者においては，生産加工学は必須ともいえる学問分野となります。

　本書は，生産加工を行ううえで必要とされる加工技術を幅広く扱い，経済性への視点も含めて多面的に学ぶことができることを目的に執筆，編集された入門書です。執筆者は各章のいずれもそれを専門分野とする大学教員で，研究と教育に長年にわたる経験を有しており，初学者に対しても容易に理解できるように配慮し，おおむね各章が1回の講義内容となる工夫を加え，解説を行っています。したがって，高等専門学校や大学での生産加工に関連する科目の教科

書として，また企業の教育用テキストとして本書を活用されることを期待しています。

本書は14章で構成されています。1章は，工作機械の歴史的発展経緯と切削工具の進歩について述べ，工作機械の基本となる旋盤，フライス盤を含めて各種工作機械の特徴についても解説をしています。2章は旋削加工用工具についての材料的特徴，3章は切削条件因子と被加工材との関係，4章はフライスの加工形式の違いが及ぼす加工上の特徴についてそれぞれ解説をしています。

5章は穴あけ加工について加工様式の違いとそれぞれの特徴について解説をしています。6章は切削機構が理解しやすいように，幾何学的二次元状態として扱い，切りくず生成時における力学的挙動について詳しく解説をしています。7章は砥粒加工における粒子の挙動と高精度な仕上げ面が得られるさまざまな研削加工法について解説し，8章は超音波利用による各種の加工法についてその特徴を解説しています。

9章は非接触加工法としての放電加工と電解加工を取り上げ，10章はレーザ加工とし，この二つの章で熱的効果を利用する加工法としての特徴について解説をしています。

11章は真空環境下での微細加工法としての電子ビーム加工とイオンビーム加工それにプラズマ加工を取り上げて，その特徴について解説をしています。

12章は砥粒と流体媒体とを融合させた複合的加工技術であるアブレイシブジェット加工法の特徴について解説をしています。13章は11章の応用技術としての微細複雑形状加工法として確立しているフォトファブリケーションを取り上げ，その特徴について解説をしています。

最終章の14章では，生産加工を行ううえで必要不可欠な加工の経済性を考える場合の具体的な取り組み方を解説しています。各章の最後には，理解度を確認するための演習問題を記載し，本書を利用された方が設問を解くことで理解度を確認できるようになっています。

ものづくりが，より高度で複雑化する現在にあって，本書が生産加工を学ぶ機械技術者を育て上げるための一助となることを願っています。

なお各章ごとの執筆は，井上（1～6, 8, 10, 13, 14章），ペトロス（12章），酒井（7, 9, 11章）が担当しました。

　最後に，本書を執筆するに当たり，先輩諸氏の優れた生産に関するさまざまな著作物を参考にさせていただきました。ここに資料を提供して頂きました皆様，きれいなイラストを描いて頂きました池谷暢昭氏，出版計画より大幅な遅延が出る中，多大なご助力とご協力を賜りました株式会社コロナ社に深く感謝を申し上げます。

2014年9月

執筆者一同

目 次

1 工作機械

1.1 工作機械と切削工具の歴史 ·· 1
1.2 加 工 機 械 ·· 3
   1.2.1 旋 盤 ·· 3
   1.2.2 旋盤の構造 ·· 3
   1.2.3 立軸形旋盤 ·· 4
   1.2.4 NC 旋 盤 ·· 5
   1.2.5 フライス盤 ·· 6
   1.2.6 立軸形フライス盤 ·· 7
   1.2.7 横軸形フライス盤 ·· 8
   1.2.8 MC 形工作機械 ·· 9
演 習 問 題 ·· 10

2 切削工具

2.1 旋削工具材料 ·· 11
2.2 フライス加工工具 ·· 13
2.3 エンドミル加工工具 ·· 14
2.4 ドリル加工工具 ·· 16
演 習 問 題 ·· 18

3 切削加工条件

3.1 切 削 速 度 ·· 19

3.2 工具すくい角 ································ 20
3.3 送り量と切込み量 ······························· 21
3.4 切削動力 ··································· 22
演習問題 ······································ 22

4 フライス加工

4.1 フライス加工様式 ······························· 23
4.2 立軸形フライス加工 ······························ 24
   4.2.1 正面フライス加工 ························· 24
   4.2.2 エンドミル加工 ·························· 25
4.3 横軸形フライス加工 ······························ 26
   4.3.1 総形加工 ······························ 26
   4.3.2 すり割り加工 ··························· 27
4.4 フライス加工条件 ······························· 28
演習問題 ······································ 29

5 穴あけ加工

5.1 ドリル加工 ·································· 30
5.2 ガンドリルとBTA加工 ···························· 34
演習問題 ······································ 35

6 切削機構

6.1 二次元切削と三次元切削 ··························· 36
6.2 切削の力学 ·································· 37
   6.2.1 切削抵抗力 ···························· 37
   6.2.2 せん断角 ······························ 38
   6.2.3 工具・切りくず接触長さ ····················· 40
   6.2.4 切削加工温度 ··························· 42

6.3 加工条件と加工費用 ………………………………………………… 44
  6.3.1 工　具　摩　耗 …………………………………………… 44
  6.3.2 仕上げ面粗さ ……………………………………………… 46
  6.3.3 切りくず形状と処理 ……………………………………… 47
  6.3.4 工具摩耗の影響 …………………………………………… 50
演 習 問 題 …………………………………………………………………… 52

7 研削加工および砥粒加工

7.1 砥　　　　　粒 ……………………………………………………… 54
7.2 研　削　加　工 ……………………………………………………… 58
  7.2.1 研 削 用 砥 石 ……………………………………………… 58
  7.2.2 研削の加工メカニズム …………………………………… 59
  7.2.3 平面研削加工 ……………………………………………… 61
  7.2.4 円筒研削加工 ……………………………………………… 63
  7.2.5 研削クーラント …………………………………………… 65
  7.2.6 実際の研削加工作業における注意 ……………………… 66
7.3 砥　粒　加　工 ……………………………………………………… 68
  7.3.1 ラ ッ ピ ン グ ……………………………………………… 68
  7.3.2 ホ ー ニ ン グ ……………………………………………… 69
  7.3.3 バ フ 研 磨 ………………………………………………… 70
演 習 問 題 …………………………………………………………………… 71

8 超音波加工

8.1 超音波振動原理 ……………………………………………………… 72
8.2 超音波砥粒加工 ……………………………………………………… 74
8.3 超音波研削加工 ……………………………………………………… 78
8.4 超音波切削加工 ……………………………………………………… 80
8.5 応用加工技術 ………………………………………………………… 81
演 習 問 題 …………………………………………………………………… 82

9 非接触加工

- 9.1 放電加工 ·· 83
  - 9.1.1 放電加工の概要 ·· 83
  - 9.1.2 型彫放電加工 ·· 85
  - 9.1.3 ワイヤ放電加工 ·· 88
  - 9.1.4 新しい放電加工応用事例 ·· 90
- 9.2 電解加工 ·· 91
- 演習問題 ·· 94

10 レーザ

- 10.1 レーザ発振原理 ·· 95
- 10.2 レーザ発振器の種類と利用 ·· 97
- 10.3 せん孔加工 ·· 99
  - 10.3.1 加工穴形状 ·· 99
  - 10.3.2 穴径 ·· 100
- 10.4 切断加工 ·· 101
- 10.5 接合加工 ·· 103
- 10.6 三次元造形加工法 ·· 106
- 10.7 表面改質 ·· 108
- 演習問題 ·· 111

11 ビーム加工

- 11.1 電子ビーム加工 ·· 113
  - 11.1.1 電子ビーム技術の歴史的背景 ······································ 113
  - 11.1.2 電子ビーム加工機 ·· 114
- 11.2 イオンビーム加工 ·· 116
  - 11.2.1 イオンビームエッチング ·· 117

目次

- 11.2.2 集束イオンビーム加工 ... 118
- 11.2.3 イオン注入法 ... 118
- 11.3 プラズマ加工 ... 119
  - 11.3.1 プラズマ切断, 溶接 ... 119
  - 11.3.2 プラズマ溶射 ... 120
- 演習問題 ... 121

12 アブレイシブジェット加工

- 12.1 ウォータジェット加工の歴史 ... 122
- 12.2 加工機 ... 123
  - 12.2.1 加圧ポンプ ... 123
  - 12.2.2 切断ヘッド ... 124
  - 12.2.3 可動ステージ ... 124
- 12.3 加工条件（プロセス） ... 125
  - 12.3.1 加工液 ... 126
  - 12.3.2 オリフィスおよびノズル ... 127
  - 12.3.3 砥粒 ... 128
- 12.4 加工条件 ... 128
  - 12.4.1 位置決め ... 128
  - 12.4.2 切削幅補正 ... 129
  - 12.4.3 プログラミング誤差 ... 129
  - 12.4.4 材料の固定 ... 129
- 12.5 加工精度 ... 130
- 12.6 被加工材料 ... 130
- 12.7 利点と欠点 ... 131
- 演習問題 ... 132

13 フォトファブリケーション

- 13.1 フォトリソグラフィ ... 133

13.2 露 光 技 術 …………………………………………………… *134*
13.3 エ ッ チ ン グ ………………………………………………… *136*
13.4 フォトエレクトロフォーミング ……………………………… *137*
演 習 問 題 ………………………………………………………… *138*

14 機械加工の経済性

14.1 切 削 加 工 費 …………………………………………………… *139*
14.2 工作機械の導入評価 …………………………………………… *140*
14.3 損 益 分 岐 ……………………………………………………… *141*
演 習 問 題 ………………………………………………………… *143*

引用・参考文献 …………………………………………………… *144*
演習問題解答 ……………………………………………………… *148*
索　　　引 ………………………………………………………… *158*

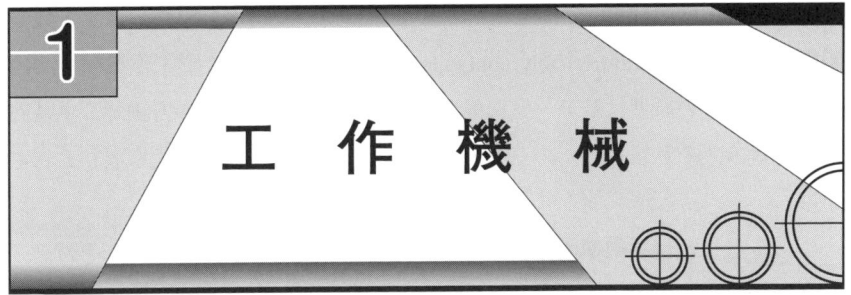

1 工作機械

「ものづくり」が人を豊かにしてきた。ものをつくるには，素材を曲げ伸ばしを行う変形加工，削り切りくずを出す除去加工，つなぎ合せを行う接合加工が不可欠である。人類誕生から今日までこれらの加工法を活用し，多くの「道具」が作られてきた。近代の代表的な文明の一つとして人の道具と加工技術は，工作機械と工具の存在にあり，これを利用する技術にある。現代では，優れた科学技術を背景にして高精度な加工機械が産み出され，高い形状精度で高品位なものづくりがなされ，われわれの生活を便利で豊かな社会としている。

1.1 工作機械と切削工具の歴史

近代形工作機械の原点は，1775年のJohn Wilkinson（英）よる中ぐり盤の発明にあるといえる。1712年にThomas Newcomen（英）が考案した蒸気機関にJames Watt（英）が改良を加えて実用化に成功したが，その後の工作機械が蒸気機関用シリンダの加工形状精度を格段に向上させ，高い効率性を発揮する生産動力源として産業革命を後押しした。

一方，この時代の工作機械が保障できる加工精度は，現在とは比較にならないほどの低い形状精度であった。しかし，1797年にHenry Maudslay（英）が開発した，送り台装置付きでねじ切り加工が行える全鉄製旋盤[1]の出現は，機械加工における加工製品の形状精度を格段に向上させることを可能にした。その後，1810年代に入りフライス盤，1830年代にホブ盤と機種の原型ができあがってくる。

このように工作機械の精度や性能などが向上する中，1952年米国マサチュー

セッツ工科大学（MIT）で，電気パルス信号を使いサーボを駆動制御する**数値制御形工作機械**[2]（numerically controlled machine tool，NC形工作機械）が開発された．この原型は紙テープに開けられた穴の数を読み取る方法で，主軸回転，切込み，それに送り，の三つの主要な駆動部を制御する方式を取り入れている．

この時点で数値制御型工作機械の基本的構造ができあがっていた．その後，数値制御は発展を続け，1958年に米国のカーネイ＆トレッカー社は工具を自動交換するマシニングセンタと呼ばれる機種を開発した．

現在のNC形工作機械では**工具自動交換**[3]（automatic tool changer，**ATC**）機能は通常の装備となっている．そのほか，X軸，Y軸，Z軸方向の駆動制御，それにワーク部がX軸やY軸周りに回転できる4軸制御や5軸制御をもつ複合型工作機械が出現する中，加工精度も高いものとなっている．このようなNC形工作機械は，成型金型の加工やジェットエンジン用ブレードの加工など，高精度で複雑形状な加工を必要とする部品に利用されている．

一方，このような工作機械の発展に併せて「工具材料」の開発も進み，高速度切削に適した切削工具が利用されている．歴史的には，1890年に「炭素工具鋼」が実用的な切削工具として出現しているが，当時の切削速度は12 m/min前後の遅いものであった．1900年に入り「高速度工具鋼」が開発され，1928年はこの高速度工具鋼にCoを添加することで，切削速度は30 m/minまでと飛躍的な改善をみた．

1926年にドイツのクルップ社が粉末金属による焼結炭化物を組成にもつ工具，すなわち「超硬工具」を開発し，高速度工具鋼の2倍近くまでの切削速度を可能とした．1972年には合成化学技術を使い天然には存在しない**立方晶窒化ホウ素**（cubic boron nitride，**cBN**）を作り出し，切削工具用材料に利用されている．

また，酸化物系や窒化物系の無機質材料なども切削工具材料として利用されている．これらの切削工具は，高速度領域での切削が可能であることに加えて，これまで経済的な切削が困難とされてきた高硬度鋼や耐熱鋼などの難削性

材料に対しても，経済的で効率的な切削が可能となっている。

1.2 加 工 機 械

　加工には，切断・切削，研削，塑性などさまざまな方法がある。また，これらの加工方法に適するように**加工機械**（working machine）が作られた。さらに，これらの基本系から派生した工作機械も多くある。ここでは，代表的な加工機械である旋盤，フライス盤について解説する。

1.2.1　旋　　　盤

　Moudslayが開発した全鉄製旋盤が，今日ある**旋盤**（lathe）の原型である。この時点ですでに基本的構造ができ上がっている。旋盤は円筒形状に加工することを最も得意とする工作機械である。加工物の中心軸に向って材料を固定して，ねじ切り，中ぐり，テーパ，球面などの加工ができる。また非対称形状物の加工や偏心軸の加工などの特殊な加工も行える万能な機械で，工作機械の**マザーマシン**（mother machine）といわれている。

1.2.2　旋盤の構造

　普通旋盤の構造（structure of lathe）を**図1.1**に示す。旋盤はベッドの構造本体部，自動送りや主軸回転運動を行わせる駆動部，工具と加工材料との相対的位置関係を補足する調整機構部で構成されている。切削運動を行う駆動部には工作物を固定する**チャック**（spindle with chuck）とこれを歯車変速で駆動する**主軸回転機構**（headstock assembly）がある。ベッド部には加工物の固定や穴あけ加工を手助けする**心押台装置**（tailstock assembly），切削工具を取り付ける**刃物台**（tool post）が装着されている。

　ベッド部やフレーム部の多くは鋳物構造である。そのおもな理由として，駆動モータによる振動や加工時に起きる工具や加工材からの振動を減衰させる対策と，鋳型生産によるコストの低減にある。特に高い精度への要求に対して

4 　1. 工 作 機 械

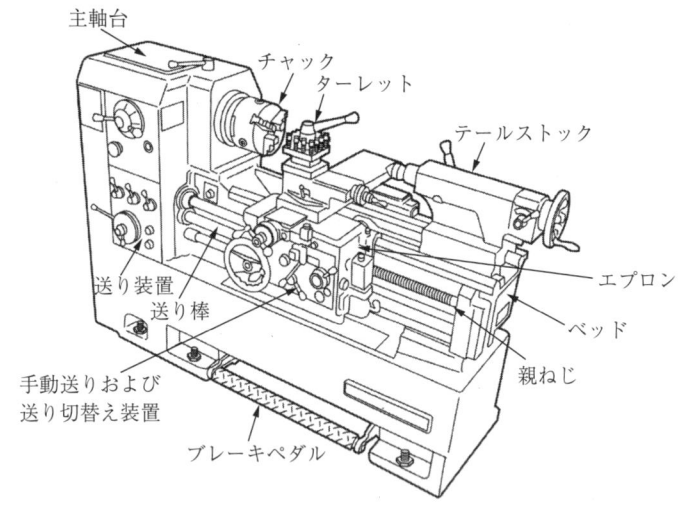

図1.1　普通旋盤の構造

は，ベッド本体をセラミックス材とする場合もある。

　また，駆動部にあたる主軸台には，歯車変速機構が組み込まれており主軸を駆動させるほかに多くの歯車を介して主軸の回転制御のみならず，**送り棒**（feed rod）と連動することにより，**切込み量**（depth of cut）や**送り量**（feed rate）が制御できる。また，**エプロン部**（apron）にあるスプリットナットを介して**ねじ切り棒**（lead screw）を駆動させてねじ切り加工が行える。さらに，変速機の歯車を交換する（歯数を変える）方法でねじ切り加工に必要な**ねじピッチ**（read pitch）に対応できる機構となっている。さらに，工具を取り付ける刃物台は，工具を前後，左右，旋回できる機構で，工具に角度を与えることでテーパ形状の加工が行える。

1.2.3　立 軸 形 旋 盤

　立軸形旋盤（vertical lathe）を**図 1.2**で示す。この旋盤の構造的特徴は，広く普及している主軸横向き形とは異なり主軸が垂直方向に設置されていることである。この旋盤は中・大口径の加工物に対して広く利用されている。しか

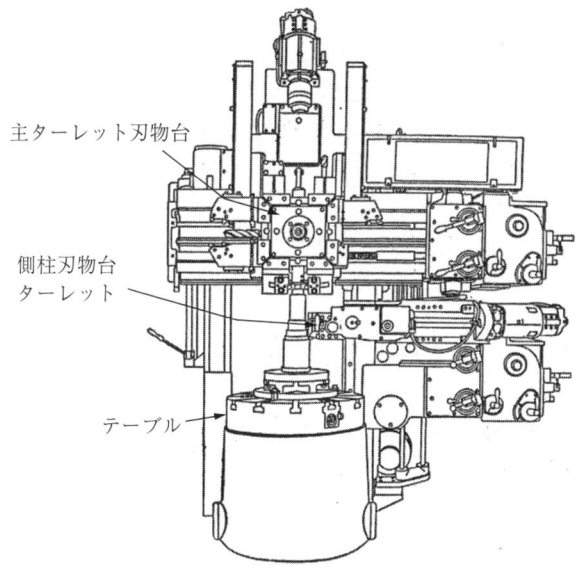

図1.2 立軸形旋盤

し,機能的には主軸の位置が縦方向となる以外は横軸形旋盤と同様である。このタイプは,横形に比べて設置床面積を小さくできるメリットがある。

1.2.4 NC 旋盤

旋盤に**数値制御**(numerical control)装置を付けることによって,刃物台の移動距離や送り速度を制御できるようにしたものを **NC 旋盤**というが,このうち,特にコンピュータを用いて制御するものを **CNC 旋盤**(computerized numerical control lathe)という(**図1.3**参照)。

この旋盤には作業者の知能的役割を果たすマイクロプロセッサが装備されている点に特徴がある。頭脳となる CNC 装置を備え,加工条件である送り量,切込み量,切削速度などを制御する。また,手足となる動作は油圧アクチュエータがこれを代行する機構で切削加工を自動化しているため,汎用形のマン・マシンとは異なっている。特に,作業者の経験量によって加工形状精度に影響しない点や,工具の種類,工具経路などを事前に設定できる点も汎用機と

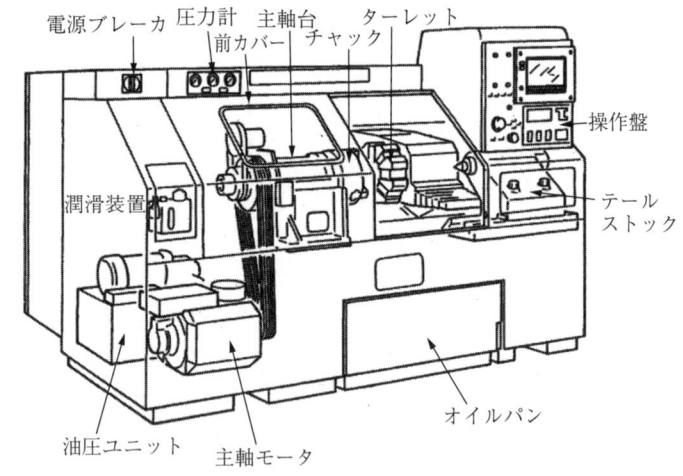

図1.3　CNC　旋　盤

は大きな相違点である。しかし，切削加工における工具経路は作業者の手によりプログラムされるもので，CNC装置自身がプログラミングを作成するものではない。

最新のCNC形旋盤では，作成プログラムに対して工具と加工材との干渉や最短加工時間となる工具経路を判断し問題点を指摘するなど，より高度な機能をもち合わせている。このように自己判断機能を保有することで，これまで作業者を必要とした作業環境から脱却し，人件費を含めた加工費用を大幅に低減できる効果がある。

1.2.5　フライス盤

フライス盤（milling machine）の構想ができ上がったのは1790年で，アメリカ陸軍が求めた銃器の開発がその発端である。現在に続く形式の基本形は，ブラウン＆シャープ社が1861年に発表したNo.1 Universal Milling Machine（最初の万能フライス盤）である。

このフライス盤は，図1.4に示すように主軸の配置によって**立軸形**（vertical spindle）と**横軸形**（horizontal spindle）の2様式[4]がある。また，フライス盤

1.2 加工機械　7

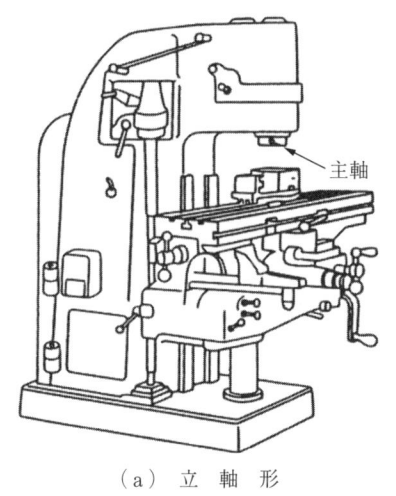
（a）立軸形

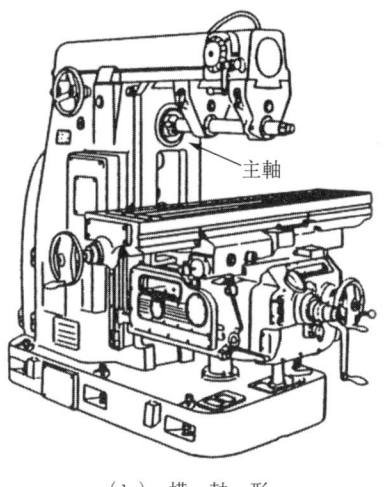
（b）横軸形

図1.4　フライス盤の様式

は使用目的に応じて**万能フライス盤**（universal milling machine），**平削りフライス盤**（planing milling machine），**倣いフライス盤**（copying milling machine）などがあり，使い分けされている。

1.2.6　立軸形フライス盤

立軸形フライス盤（vertical milling machine）は，構造的に相違な2種類がある。一つは**図1.5**に示すように**ラム**（ram）形構造で，フレーム部に主軸が付属する**ニー－コラム**（Knee-and-column）型式，もう一つはニー部がなく本体に作業台が付いたベッド型式で，ラム形構造に比べて高い剛性を保有する。しかし，双方の形式とも主軸部は作業台であるベッドと垂直となる状態であり，このコラムを含む**主軸部**（spindle）のほかに，X軸（左右移動），Y軸（前後移動），Z軸（上下移動）各方向の移動装置を組み込んだ**作業台部**（table），主軸回転速度，テーブル移動速度を制御するコントロール部で構成されている。

古いタイプでは，ニー－コラムの一体型が多くをなしていたが，最近では

8   1. 工作機械

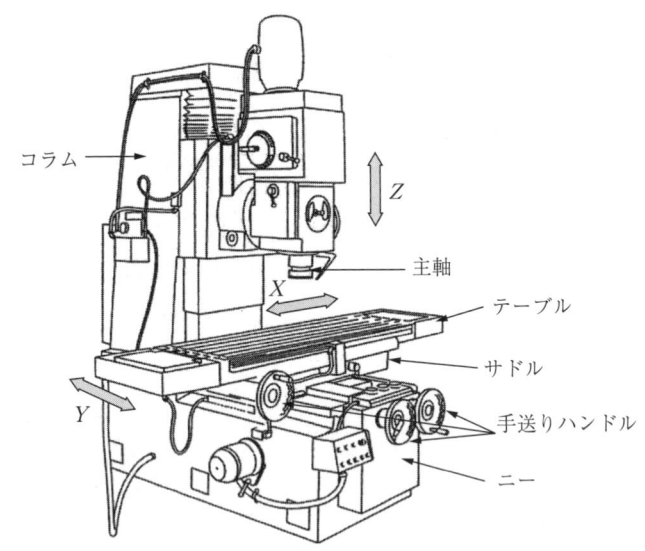

図1.5 立軸形フライス盤

ベッドタイプ形式をもつ加工機が主流となっている。また，横軸型に比べて立軸形構造のほうが主軸の支持など構造上，優れた剛性をもち合わせている。このため，高い加工精度への要求に加えて複雑で三次元的な工具移動を必要とする加工では，立軸形が多く用いられている。

NC形フライス盤が現れる以前は，マスタモデルを触針で倣い，同形状寸法の複製品を製作する倣い形加工機が多く利用されていた。

1.2.7 横軸形フライス盤

横軸形フライス盤（plane milling machine）を**図1.6**に示す。この工作機械の特徴は，本体コラム部からに垂直にせり出したオーバアームが主軸を支える構造となっていることである。

工具は，このオーバアームに支えられた主軸に加工台に対して水平となる状態で装着され軸回転する。作業台部は，上下移動（Z軸）を可能とする**受膝部**（knee）の上に前後に移動（Y軸）する**サドル部**（saddle）があり，最上部に左右に移動（X軸）の**作業台部**（table）を配置する構造となっている。横軸

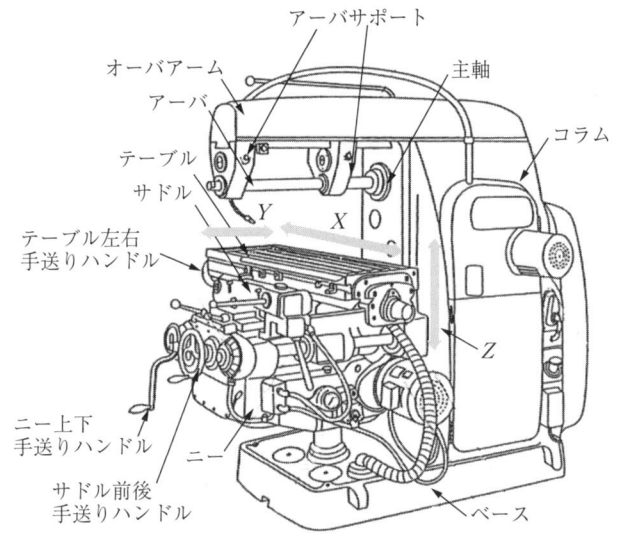

図1.6 横軸形フライス盤

形フライス盤は，工具の取付け状態から，溝入れ加工や総型工具による加工に多く利用されている．

1.2.8 MC形工作機械

MC形工作機械（machining center，マシニングセンタ）の特徴は，人の頭脳の代用となる大容量記憶メモリを有する記憶装置を備え，数多くの切削工具を保有する工具ホルダ装置部をもち，加工に合わせた工具選択を行いながら加工できる点にある．

マシニングセンタは，加工物の形状に対しては平面加工のみならず曲面加工や穴あけ加工，それにねじ切り加工など幅広い加工に対応できる．一般的に，MC形工作機械は立軸形の機種が広く普及しているが，最近では作業台をX軸，Y軸，Z軸方向運動以外に旋回や回転運動の機能をもたせた複合形と呼ばれるタイプもある．

このようにマシニングセンタは，より複雑な運動を可能とする高機能を備えた構造となっている．特に，生産効率を高める方式としてMC形工作機械を複

数台レイアウトした **FMS生産システム**（flexible manufacturing system）を採用する工場も多く現れている。この生産システムでは，加工プログラミングを使うことにより加工材を脱着することなく加工を完了させることも可能であり，これからの生産システムを考えるうえで重要な工作機械である。MC形工作機械を**図1.7**に示す。

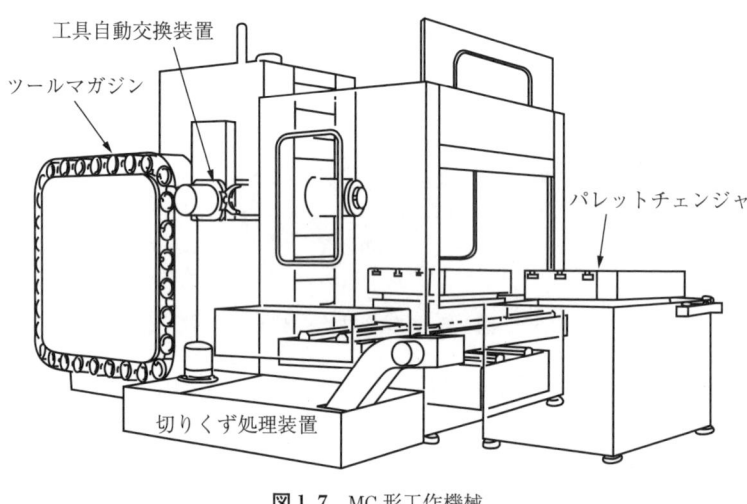

図1.7 MC形工作機械

演 習 問 題

【1】 旋盤がマザーマシンといわれる理由について説明しなさい。

【2】 立軸形フライス盤と横軸形フライス盤との機構的な違いについて説明しなさい。

【3】 MC形工作機械と汎用形工作機とは，どのような点に相違があるか述べなさい。

2 切削工具

旋盤加工やフライス加工などで使用する工具を**切削工具**(cutting tool)という。切削加工の際，工具は加工材料と高い応力状態で接触する。このため工具すくい面上では，材料の変形に伴い発生する摩擦熱による高い切削加工温度により，工具は損傷を受ける。この影響を極力排除するには，工具材料は耐高温性と耐摩耗性に優れた特性を有することが必須条件となる。

2.1 旋削工具材料

旋削用の切削工具材料[6]としては，鋼系では高炭素含有率であることに加えてP（リン），S（硫黄）成分をきわめて少量に制御した炭素工具鋼，それにV（バナジウム），Cr（クロム），Ni（ニッケル），W（タングステン）を添加した**合金工具鋼**(alloy tool steel)，また，V，Cr，Wを高い含有量として耐熱性を高めた**高速度鋼**(high speed steel, HSS)などがある。一方，粉末金属を主成分とする**焼結**(sintering)工具では，WC（炭化タングステン）を主成分として，TiC（炭化チタン），TaC（炭化タンタル）にCo（コバルト）を結合材とする**超硬**(sintered carbide)と呼ばれる工具がある。

この超硬工具には**表2.1**に示すように，工作物の材質に応じて組成成分を変えたP種，M種，K種の3種類があり，JISによる規格が設けられている。P，M，Kに続く数値が大きくなると靱性が増加し，より大きな送りに対応できる。逆に，数値が小さくなると耐摩耗性と耐熱性に優れ，高い切削速度での使用ができる。同じ焼結材ではあるが，TiC＋TiNを主成分としてNi，Moを

2. 切削工具

表 2.1 超硬工具の種類 (JIS B4104 より)

大分類	使用分類記号	化学成分〔%〕					硬さ (HRA)	抗折力 〔MN/m²〕	特徴	
		W	Co	Ti	Ta	C				
P	P 01	30〜78	4〜8	10〜40	0〜25	7〜13	以上 91.5	以上 700	↑耐摩耗性増大	↑靭性増大↓
	P 10	50〜80	4〜9	8〜20	0〜20	7〜10	91	900		
	P 20	60〜83	5〜10	5〜15	0〜15	6〜9	90	1 100		
	P 30	70〜84	6〜12	3〜12	0〜12	6〜8	89	1 300		
	P 40	65〜85	7〜15	2〜10	0〜10	6〜8	88	1 500		
	P 50	60〜83	9〜20	2〜8	0〜8	5〜7	87	1 700		
M	M 10	70〜86	4〜9	3〜11	0〜11	6〜8	91	1 000	↑耐摩耗性増大	↑靭性増大↓
	M 20	70〜86	5〜11	2〜10	0〜10	5〜8	90	1 100		
	M 30	70〜86	6〜13	2〜9	0〜9	5〜8	89	1 300		
	M 40	65〜85	8〜20	1〜7	0〜7	5〜7	87	1 600		
K	K 01	83〜91	3〜6	0〜2	0〜3	5〜7	91.5	1 000	↑耐摩耗性増大	↑靭性増大↓
	K 10	84〜90	4〜7	0〜1	0〜2	5〜6	90.5	1 200		
	K 20	83〜89	5〜8	0〜1	0〜2	5〜6	89	1 400		
	K 30	81〜88	6〜11	0〜1	0〜2	5〜6	88	1 500		
	K 40	79〜87	7〜16	—	—	5〜6	87	1 600		

加えた**サーメット**（cermet）工具などもある。無機質の工具材料には酸化アルミナ（Al_2O_3）や窒化珪素（Si_3N_4）などを主成分とする**セラミックス系**（ceramics）工具，それに合成化学工学の技術により開発され，耐熱材料や高硬度材料の切削工具として用いられる**立方晶窒化ホウ素**[12]（cubic boron nitride, cBN）などがある。

一方，工具の耐熱性や耐摩耗性を高める方法として超硬や高速度鋼（HSS）を母基材として，材料の表層部にTiNやTiCNなどの硬質膜を被覆させた**コーティッド**（coated）工具がある。そのほか，鏡面仕上げなどの高い加工精度を満たす工具として**単結晶ダイヤモンド**（single crystal diamond）がアルミニウム合金や銅合金などの非鉄金属用の切削工具として利用されている。

ダイヤモンドは大気中，700℃近傍で酸化が起きることや，強度特性が結晶方位に強く依存するほか鉄鋼系材料に対してはFeとの親和性が大きく耐損耗

性などに問題があり，その使用範囲が限られている．しかし，同じダイヤモンド結晶でも**多結晶ダイヤモンド**（polycrystalline diamond）は，航空・宇宙用機体の構造材料として利用されている CFRP（carbon fiber reinforced plastic, 炭素繊維強化プラスチック）材用の切削用工具として使用されている．

このように，切削工具材料には多種類あり，切削工具の機能を生かすには利用側の技術力，設備などを総合的に判断して最適工具を選定することが重要である．切削工具材種と加工材料の関係を**表2.2**に示す．

表2.2 切削工具材種と加工材料の関係

材種名	組成および特性	加工材料	硬さ(Hv)〔kg/mm^2〕
cBN 焼結体 (cubic boron nitride)	立方晶窒化ホウ素，ダイヤモンドのつぎに硬い	高硬度鋼～超耐熱合金まで広範囲な材料の適応	2 000 ～ 5 000
コーティング工具鋼	TiN, TiC, Al_2O_3 などを主成分とするコーティング層で構成される	高速切削に適応，耐磨耗性に優れている．高硬度材料用	1 500 ～ 2 000
サーメット	TiC, Ni, Co, Ta, Ni, TiN を主成分とする	耐高温強度，耐磨耗性，靭性に優れている．高硬度材料	500 ～ 3 000
セラミックス	高純度の酸化物系の Al_2O_3 を主成分とする	耐高温強度特性に優れている．超硬工具の 2～3 倍の切削速度が可能．高硬度材料用	1 000 ～ 4 000
ダイヤモンド（焼結）	C で構成，天然，人工の 2 種類がある．	非鉄金属，特に Al 合金加工に利用	8 000 ～ 12 000
高速度度鋼（HSS）	(Fe, C) + W, Mo, Cr, Co を含む	広範囲な切削条件	200 ～ 1 200
合金鋼	C : 0.90～1.30(W%)	低切削速度領域	200 ～ 1 200
超硬工具鋼（P, M, K 種）	W, Co, Ta, Ni, Mo を主成分とする	耐高温強度特性に優れている	500 ～ 3 000

2.2 フライス加工工具

立軸形，横軸形を問わず**フライス加工工具**（milling tool）では，**図2.1**で示すミーリングカッタと呼ばれる円周上に切れ刃が多数並ぶ工具を主軸に取り付

14   2. 切削工具

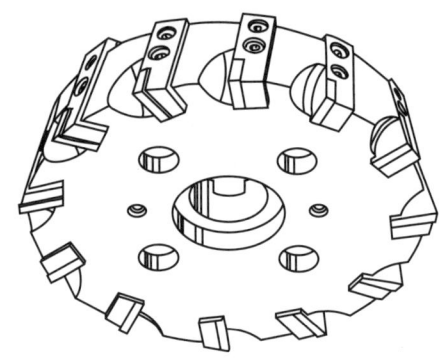

図 2.1 ミーリングカッタ

けて，これを回転させて工作物を削り取る。ただし，類似した加工であっても，横軸形フライス盤と立軸形フライス盤では使用する工具の形状に違いがあり，加工の呼び方も異なっている。平面を作る加工の場合，横軸形では平フライス削りと呼ばれ，切れ刃にねじれをもち側面の切れ刃がない，全幅の広い平フライス工具を使用する。また，立軸形フライス盤では，正面フライス削りと呼ばれ，円周方向に切れ刃を多数枚（数個〜数十個）配列した正面フライス工具を使用する。

　溝入れ加工は，狭い溝フライス工具を使い，立軸形では直刃形状の切れ刃をもつエンドミル工具を使用する。横軸形では刃幅が狭い溝フライス工具を使用する。工具材種は，高速度工具鋼（HSS）が多く利用されているが，工具管理や加工効率それに高速切削に対応できるなどの理由により，超硬の切れ刃を交換できるスローアウェイ形工具の利用度が増してきている。

2.3 エンドミル加工工具

　エンドミル工具[6]（end mill）を**図 2.2**に表す。工具には切れ刃部からシャンク部まで同一素材とする一体成形型，切れ刃を交換できるスローアウェイ形がある。この工具には底刃と横切れが直角に交差した刃形状をもつ，スクウェア形エンドミル，刃先形状が丸み半径をもつボール形エンドミル，これらの中間

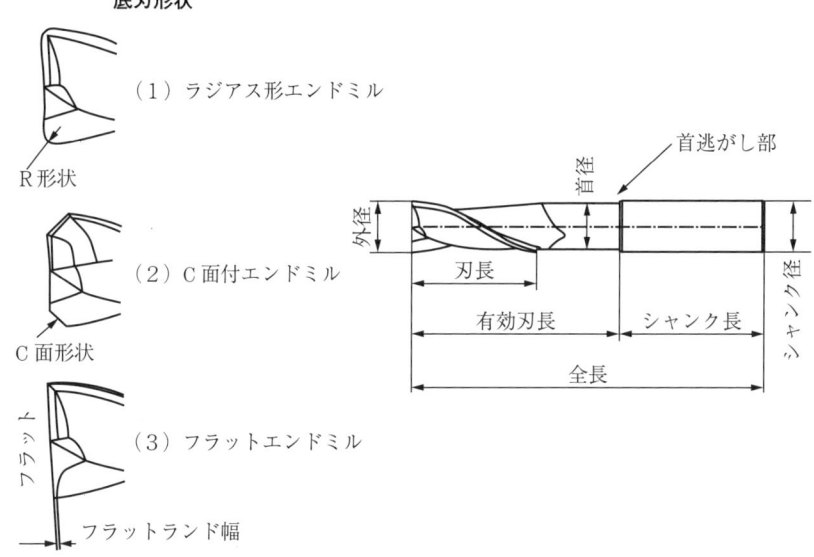

図2.2　エンドミル工具

的存在で底刃は直線状で横切れ刃と交差する切れ刃がだ円形状であるラジアス形エンドミルがある。底刃と側面の切れ刃で構成されるコーナー部分が円弧形状となるものがR形状，またコーナー部分をある幅で面取りしてあるものがC面形状である。

　ラジアス形はボール形に比べて切れ刃部の剛性に優れている。ボール形エンドミルは工具中心軸に位置する場所での切れ刃は，切削速度ゼロ状態となり，切れ刃の最大外形部で最大周速（最大切削速度）を示す。この間，切れ刃は曲率部位により切削速度が異なる特徴がある。また，切れ刃にはすくい角とねじれ角が付けてあり，加工時の切りくず生成機構は複雑な状態となる。

　切れ刃の数は1枚，2枚，3枚，4枚などあるが，刃数の少ない場合，切れ刃の間隔（チップポケット）が大きいので，切りくずの排出効果は高くなる。一方で，工具の断面積は小さくなり工具剛性が低下する。加工時のたわみによる振動や粗さの不安定性などに注意しなければならない。

　工具には右ねじれ形と左ねじれ形の2種類があるが，おもに右ねじれ形の工

具が使用されている。工具がもつねじれ角によって，加工時の切削抵抗力は工具外径部における円周方向の力 T と軸方向の力 P が働く。円周方向の力 T は送りに必要な力として作用するので，ねじれ角が大きくなるほど，そのぶん力は小さくなる。したがって，切込み量を大きく取り，送り速度を上げた切削加工条件が可能となる。しかし反面，軸方向の分力 P が大きく働くことで薄肉加工では加工物を上方に持ち上げる力が作用するため，加工時に振動を誘発する原因となり仕上げ面状態が安定しない問題もある。

　また，工具の突出し長さが長くなるとたわみによるびびり振動を誘発して，仕上げ面粗さが低下する。高精度な仕上げ面性状を得るには突き出し長さを短くすることが重要である。

2.4　ドリル加工工具

　ドリル[5]用の工具材料には，タングステン系やモリブデン系の高速度鋼が利用されている。そのほか，WC，TiC，Co の粉末金属を混合して焼結した超硬がある。工具形状は切れ刃部からシャンク部までを一体成形した工具，切れ刃が超硬製でこれを交換方式とするスローアウェイ形，超硬製の切れ刃を HSS 製のシャンク部に銀ロウ付けしたロウ付け形などがある。用途別では浅穴加工用と深穴加工用がある。

　これらの使い分けの目安は，加工深さ L と工具直径 D の比，L/D が 10 以下を浅穴加工用，それ以上が深穴加工として扱われることが多い。特に，深穴加工では工具の破断が加工上大きな問題となる。つまり，ドリル工具にはねじり剛性に対する強度が求められるが，この剛性値はドリル断面形状と強い相関を示し，工具断面に描かれる内接円の直径の 4 乗に比例することから，工具直径が小さくなるほどねじり剛性は低下することになる。このため，切りくずの排出性を多少犠牲にしても**心厚**（web）を大きく取り，工具剛性を高める工夫がなされている。

　また，二つの切れ刃の逃げ面の稜線で構成される場所をチゼルエッジと表記

するが,このチゼルエッジの中心部では理論的に切削速度が存在せず,工具外周径に向かうほど周速度が増加する特徴がある。深穴加工では,チゼルエッジ部の心部の心厚だけを小さくするシンニング加工でX形状[7]として,工具摩耗の抑制と切削抵抗力の低減効果を生み出す方法が用いられる。一方,L/D が20以上となるような深穴加工では,切れ刃先端部からシャンク部までの貫通穴をもち,切削油剤を外部より供給し切削加工温度の低下と耐摩耗性を高めた工具もある。

また,加工形状精度は工具の保持力によっても大きく左右される。小径加工用ドリル工具ではシャンク部がストレート形状で,大口径加工ではテーパシャンク形状が用いられている。

標準的なストレート形ツイストドリル工具を図2.3に示す。

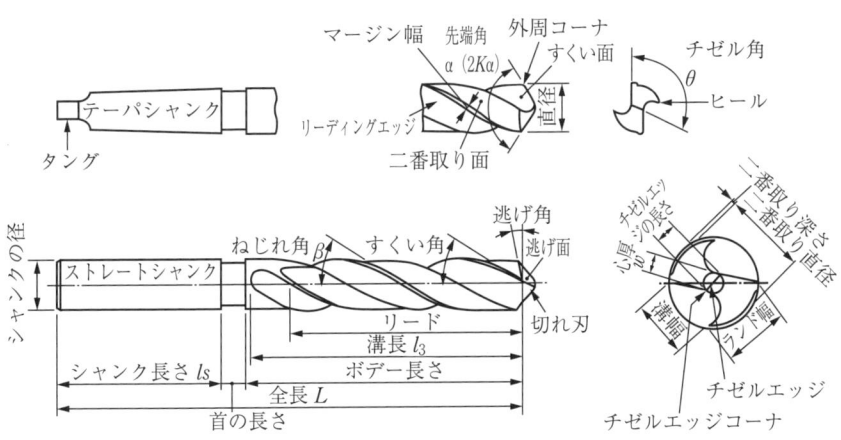

図2.3 ストレート形ツイストドリル工具

ドリル工具は先端部に2カ所の切れ刃をもち,この切れ刃で構成する角度を**先端角**(point angle)といい,標準的な角度は118°である。高硬度鋼や重切削では刃先の強度を考慮し120〜135°程度をとる。そのほか,切れ刃が工具中心軸で正確に2分割され,均等な刃長をもつことが重要である。刃長が異なる場合,ドリルの中心軸がずれるため正確な穴加工はできず,極端な場合はだ円形状となる。また,工具や主軸側に負荷がかかり,切れ刃の破損や工具の折損

が起きる。

　また，切れ刃にはドリルの送りに支障を与えないように**逃げ角**（relief angle）が付けてあり，幾何学的にドリル中心の逃げ角は外周部の逃げ角より大きくなる。逃げ角が小さくなりすぎると逃げ面が当たり，ドリルは切削機能を十分に発揮できず，逆に大きすぎる場合は，刃先強度が小さくドリルが加工材料に食い込んだ時点で，切れ刃が破損する要因となる。

　ドリル工具には**切刃溝**（flute）と呼ばれる二つのねじれ溝があり，切りくずの排出を促進させる働きをする。このねじれ溝は，すくい角と切れ刃面を作りだす以外に，切削油剤の導入の役目を果たす。この切れ刃溝がもつ**ねじれ角**（lead of helix）は，標準形で21〜37°であり，鉄鋼材料および鋳鉄の加工として使用する。ねじれ角が15〜17°は弱ねじれ形であり，黄銅やマグネシウムなど比較的脆い材料用として使用する。強ねじれ形はねじれ角が30〜40°で純AlやAl系合金などの延性の高い材料で，硬さが低く，切れ刃に粘着しやすい材料用として利用されている。

　また，ドリル工具には加工穴面と接触し，工具の案内を確実にさせるための**マージン**（margin）がある。ドリルにはバックテーパが付けてあり，加工中にドリルの外周部が被削材部を擦らないように，シャンク部に近づくほど外形を細くしてある。

　以上のように，ドリル工具にはさまざまな工夫が盛り込まれた構造となっている。

演習問題

【1】　高速度工具と超硬工具がそれぞれもっている特性を説明しなさい。
【2】　セラミックス工具の特性について説明しなさい。
【3】　エンドミル工具はどのような加工で利用されるか説明しなさい。
【4】　ドリル工具がもつねじれ溝の機能について説明しなさい。

切削加工条件

切削加工は,素材,すなわち**被削材**(work-material)を**工作機械**(machine tool)に取り付け,**切削工具**(cutting tool)の**切れ刃**(cutting edge)との間に幾何学的干渉を与え,局部的に発生する大きな応力で破断を起こさせ,この破断により被削材の不要な部分が**切りくず**(chip)として分離し,所望の新断面から構成される形状・寸法と**仕上げ面粗さ**(surface roughness)をもつ**製品**(products)を作ることである。この加工品の表面性状や形状精度を大きく左右するのが,切削速度や工具送り量などの切削加工条件である。

3.1 切 削 速 度

切削速度(cutting speed)は,工具摩耗,仕上げ面粗さ,加工費用などと直接的な関係がある。切削加工費用の低減化対策として,切削速度 V を高めて切削加工時間を短縮する方法が利用される。しかし,切削速度を高めることは,同時に切削工具と加工材料間に起きる摩擦と摩耗による切削加工温度を上昇させる側面があり,熱的負荷が増加することを理解する必要がある。なお,切削速度は被削材の外周部の速度(最大直径部)であり,工作機械の主軸回転(min^{-1})と工作物の最大直径から,式(3.1)により求められる。

$$V = \frac{\pi \cdot D \cdot N}{1\,000} \tag{3.1}$$

V:切削速度〔m/min〕
N:主軸回転数〔min^{-1}〕
D:加工材直径〔mm〕

3.2 工具すくい角

工具には，すくい面が**正角**（positive）と**負角**（negative）の2種類がある。この違いは**図3.1**で示すように，**工具すくい角**（rake angle）という加工材の中心線からの工具すくい面との傾斜角度により区別される。刃先先端からシャンク部に向かい傾斜する状態，すなわち工具すくい面が中心より下側に傾いている場合を正角（(＋)，ポジティブ，図（a））とし，逆に上向き方向に傾く角度となる場合が負角（(－)，ネガティブ，図（b））である。

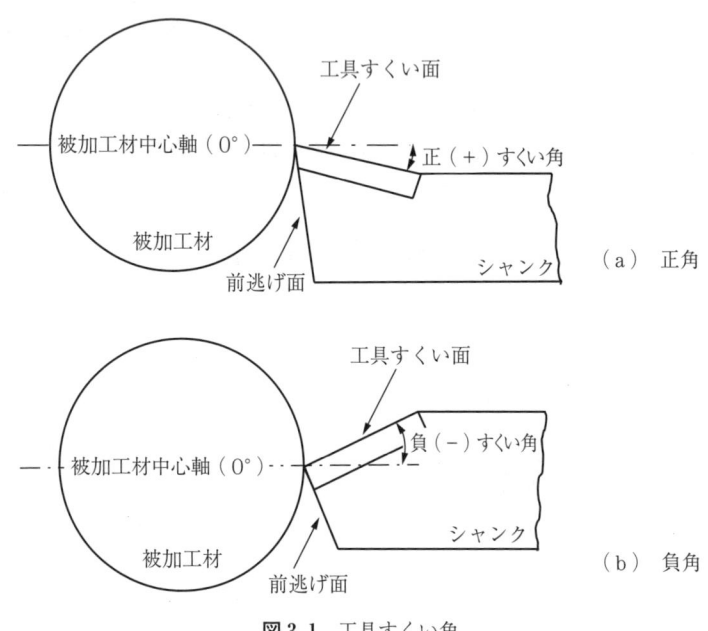

図3.1 工具すくい角

荒加工や中仕上げなど，送り量 f ，切込み量 d を大きくして切削除去量を多くする場合は，刃先強度に優れチッピング抑制効果が期待できるネガティブタイプを使用する。一方，仕上げ切削のように加工面の粗さと精度を重視する場合では，切りくず排出効果に利点のあるポジティブタイプが使用されている。

ただし，スローアウェイ工具では，1チップ切れ刃数に対する工具単価を考慮すると，表・裏の両面を使用できるネガティブタイプに利点がある。

3.3 送り量と切込み量

旋削加工における**送り量**（feed rate）は，被削材が1回転（revolution）する間に工具が被削材長手方向（主軸チャック―心押台）に移動する量で表示（単位：mm/rev）し，**切込み量**（depth of cut）は被削材面から仕上げ面までの寸法を示す。

送り量は，使用する切削工具の刃先丸み半径と相関[8]があり，切削加工の表面粗さに大きな影響を及ぼす。幾何学的には，工具の**ノーズ半径**（nose radius）が大きくなるほど，表面粗さは小さくなる。しかし，実際には工具のたわみ，工作機械の振動，被削材特性などの影響を受け，必ずしも理論的な数値とは一致しない。このため，仕上げ加工ではノーズ半径の小さいものを選択し，荒加工では大きな負荷に耐えることができるような刃先半径が大きい工具を選択することが重要である。

また，切削抵抗の3分力は送り量と切込み量に比例する関係で変化し，送り量が小さく切取厚さが薄くなると比切削抵抗が増加する寸法効果が起きる。特に，切りくずの流出方向は**図3.2**で示すように，切削における切れ刃の両端を結ぶ直線とほぼ直角となる方向で起きることが実験的に認められており，これを**Colwellの近似**[13]として扱われている。したがって，設定する送り量や切込み量によって切りくずの流出方向が大きく変化する。

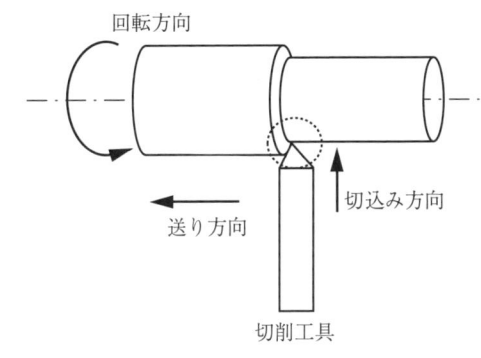

図3.2 旋盤における送り

3.4 切削動力

機械加工を行う場合，加工に必要なエネルギーを十分に発揮できる動力と剛性が工作機械には必要である。旋削加工における動力，**切削動力**（cutting power）P（net）は，式（3.2）の関係より求まる。

$$P\text{（net）} = \frac{d \cdot f_n \cdot V_c \cdot K_c}{60 \times 1\,000 \times \eta} \text{〔kW〕} \quad (3.2)$$

f_n：送り量（1回転当たりの送り）〔mm/rev〕
K_c：比切削抵抗（0.4 mm/rev 時）〔MPa〕
V_c：切削速度（周速度）〔m/min〕
d：切込み量 〔mm〕

演 習 問 題

【1】 旋盤による丸棒外周削り加工を切削速度 120 m/min で行いたい。切削抵抗の主分力が 4 kN となることを考えて，必要な切削所要動力を求めなさい。ただし旋盤の機械効率を 0.75 とする。

【2】 切込み量 d：1.5 mm，送り量 f：0.5 mm，工具のノーズ半径 r：0.4 mm，切削速度 V：80 m/min で丸棒外周旋削を行った。この切削条件下での理論最大粗さを求めなさい。

【3】 外径 D：80 mm の材料を旋削加工する。切削工具材種の関係上，切削速度 V：160 m/min に設定したい。この場合の主軸回転数 N がどの程度になるか求めなさい。

【4】 切削速度 V：100 m/min，で丸棒外周を旋削加工する。旋盤の機械効率 η：0.75 で切削所要動力 P（net）：2.22 kW の条件下での切削抵抗主分力 F_p を求めなさい。

4 フライス加工

フライス加工（milling）の工具は，円盤状で外周囲に多くの切れ刃を配置した形状の工具を回転させて少量を削って加工する。この加工に使用される工具をフライスという。フライスはドイツ語とフランス語のなまりから生まれたもので，milling が機械工学用語として使用される。

4.1 フライス加工様式

フライス加工では，図 4.1 で示すようにカッタの回転方向と送りにより**上向き切削**（up cut）と**下向き切削**（down cut）の 2 種類がある。特に，この違いにより加工面性状が異なるので注意が必要である。ここでは，わかりやすくするため，横軸フライスによる平フライス加工と正面フライス加工の**フライス加工様式**（milling style）を取り上げる。

平フライスにおける図（a）の状態は，工作物の進行方向（テーブルの移動方向）と工具切れ刃の進行方向が相対し，工具の切れ刃が加工材をすくい上げる状態で加工が行われ，切れ刃の切削開始から終端にかけて切りくずの厚さが増加する。これを上向き切削という。一方，図（b）では工具の回転方向と加工物材料の進行方向が同じ方向となる状態で，切れ刃は加工材を噛み込みながら進む。これを下向き切削という。

図（a）と図（b）はカッタの回転方向が同じであっても，加工材の送り方向が反転している。同様に，図（c）で示す正面フライス加工では，フライスカッタの回転方向と送り方向が変化しなくてもカッタの回転中心を含んだ面

(a) 上向き切削　　　　　　　　　　(b) 下向き切削

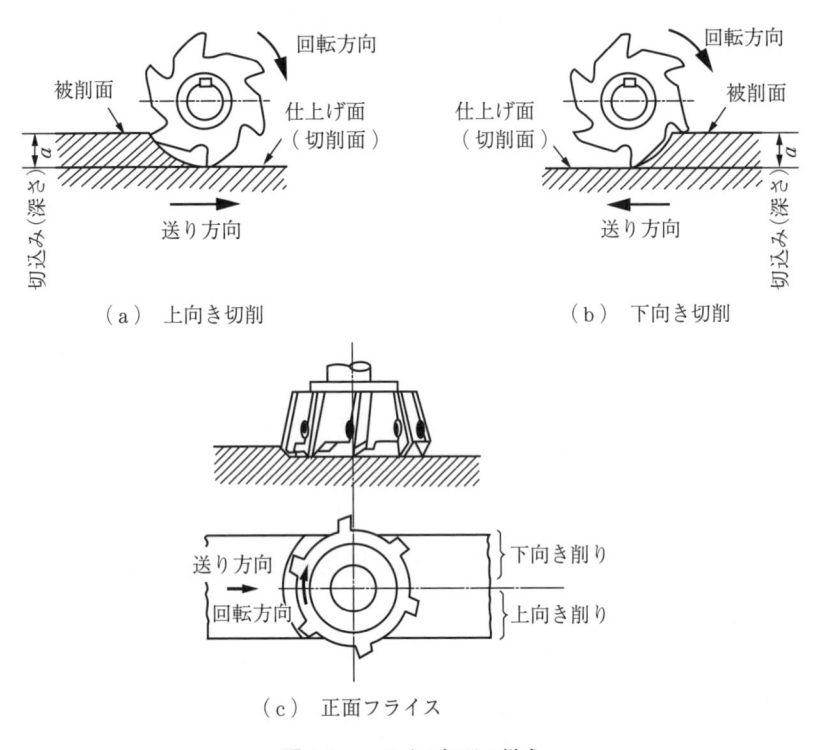

(c) 正面フライス

図 4.1　フライス加工の様式

で切削していく場合は，切れ刃が背削する前面での状態は上向き切削と下向き切削が共存することになる[10]。また，図（c）の状態のようにカッタの回転方向が変化しなくても，カッタの中心を挟んでいずれの側面が切削に関わっているのかによって，上向き切削と下向き切削が決まる。

4.2　立軸形フライス加工

4.2.1　正面フライス加工

正面フライス加工（face milling）は，おもに平面を加工する場合に用いられる加工法である。この正面フライスで使用する工具は，円盤状で周囲に多くの切れ刃を配置した**刃物**（フライス）を使用する。工具は，**アーバ**（arbor）と

呼ばれるテーパ状の固定ジグを介して工作機械の主軸にセットされる。

一方，工作物は作業台（テーブル）にバイスまたはクランプにより固定し，テーブルの左右（X軸方向），前後（Y軸方向），そして上下（Z軸方向）に送りを与えて切削加工を行う。正面フライス加工では，加工表面に工具の移動に伴う切れ刃の擦過痕ができやすくなる。

最近では，工作機械の剛性の向上に加え，切削工具の靭性改善などもあり，大きなすくい角の工具を使用しての正面フライス加工が行われ，切りくずの排出性改善と加工表面粗さの安定化を図る加工が行われている。したがって，正面フライス加工では，工具形状と材種の選択が切削加工を行ううえでの重要な要因となる。正面フライス加工を図 4.2 で示す。

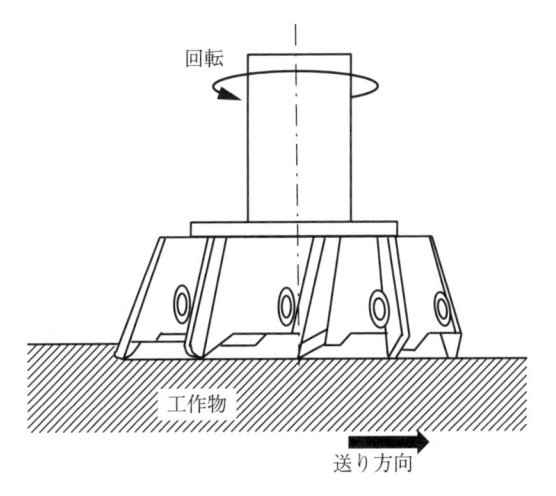

図 4.2 正面フライス加工

4.2.2 エンドミル加工

エンドミル加工（end-milling）に用いられるエンドミル工具には，先端部が丸味形状をもつボールエンドミルと直線形状のストレートタイプの 2 種類がある。ストレートタイプは，おもに側面加工や溝入れ加工用，またボールエンドミルタイプは自由曲線を多用する金型加工に用いられる。いずれのエンドミル

工具も外周側に切れ刃があり，ストレートタイプは底刃がある。このストレートタイプでは外周刃と底刃の交点であるコーナー部が鋭角に仕上げてあるため，チッピングの防止が加工精度を保つうえで重要となる。

ボールエンドミル工具による加工では，加工表面に工具の送り量（ピックフィード，P）と工具半径Rとの幾何学的関係から$P^2/8R$で表される円弧の連続した形状の送り痕が残る。これを極力小さくする対策法として工具半径を大きくするか，または送り量を小さくする方法が取られる。ボールエンドミル工具による加工を図4.3で示す。

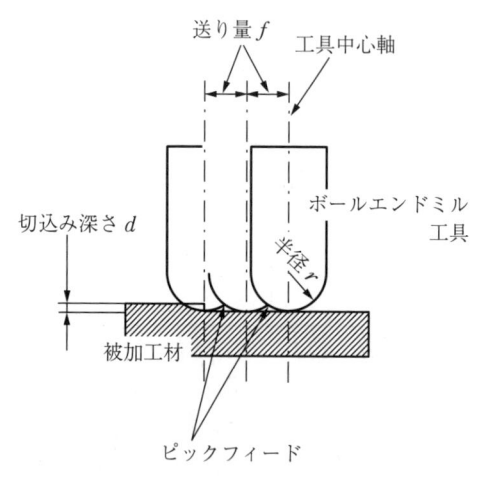

図4.3 ボールエンドミル加工

4.3 横軸形フライス加工

4.3.1 総形加工

総形加工（formed cutter）は，工具の切れ刃形状を加工面形状と同一形状にしてこれを転写加工する方法である。この加工では，特に総形工具の中心軸は加工面に対し平行状態となることが精度維持のうえからも必要であり，テーブルと刃物軸の位置関係がこの機構を有することから，**横軸フライス加工**

(plain milling）に多く用いられる加工法である。

また，この加工では切れ刃全体が加工材と接触するため，剛性の高い工作機械を使用することでびびり振動を抑制し，良好な加工精度が得られる。ただし，横軸フライス盤による加工では総じて使用するカッタ径は大きく，安全上ダウンカットを避けたほうがよい。総形加工を**図 4.4**に示す。

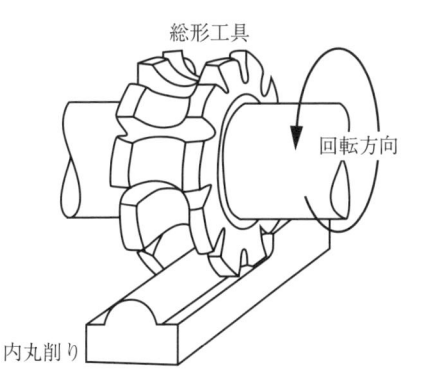

図 4.4　総形加工

4.3.2　すり割り加工

すり割り加工（screw slotting）は溝入れ加工の一種であるが，工具径 D に

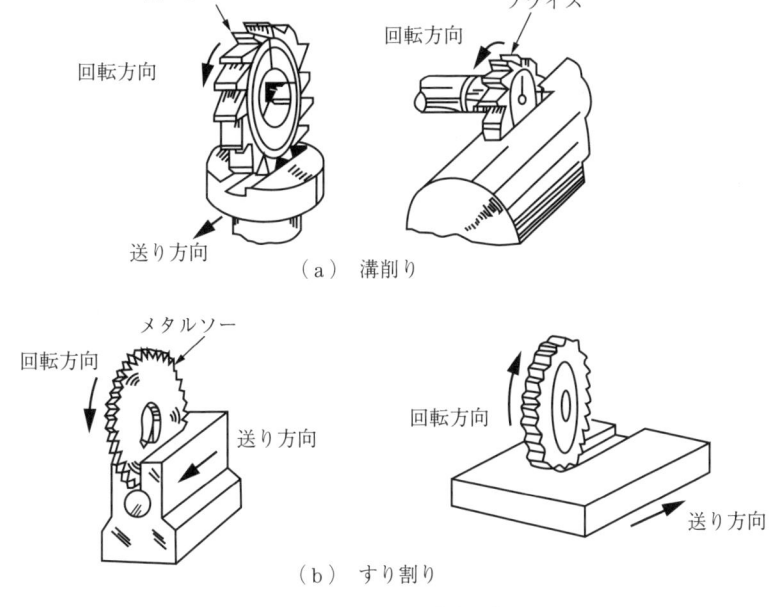

（a）溝削り

（b）すり割り

図 4.5　すり割り，溝削り加工

対し加工深さ L が大きい加工である。工具径が小さく深い溝を加工することは，切りくずの排出や工具剛性の問題から困難な場合が多い。しかし，横軸フライス盤とメタルソーを使用することで，すり割り加工や溝削り加工が比較的簡便に行える。

また，加工効率の点から側(そく)フライス工具や千鳥刃側フライス，片角(かたすみ)フライス工具による溝加工もエンドミル加工に代わる加工として行われている。すり割り，溝削り加工を図 4.5 で示す。

4.4　フライス加工条件

フライス加工における切削速度は，前述の式 (3.1) を変換することで求まる。ただし，1 分間当りのテーブル送り速度は式 (4.1) により求まる。主軸回転数は式 (4.2) を使い，フライス加工に必要な動力は式 (4.3) で，また加工に要する時間は式 (4.4) で求めることができる。

① 1 分間当りのテーブル送り速度 V_f 〔mm/min〕

$$V_f = f_n \cdot n \cdot Z \tag{4.1}$$

　　　f_n：1 刃当りの送り速度〔mm/tooth〕
　　　n：主軸回転数〔min^{-1}〕
　　　Z：カッタの刃数

② 主軸回転数 n 〔min^{-1}〕

$$n = \frac{1\,000 \cdot V_c}{x \cdot D} \pi \tag{4.2}$$

　　　V_c：切削速度〔m/min〕
　　　D：カッタ直径〔mm〕

③ 加工出力 P_{kw} 〔kW (net)〕

$$P_{kw} = \frac{W \cdot d \cdot V_f \cdot K_c}{60 \cdot 10^6 \cdot \eta} \tag{4.3}$$

W：切削幅〔mm〕

d：切込み〔mm〕

V_f：テーブル送り速度〔mm/min〕

K_c：比切削抵抗値〔MPa（または N/mm^2）〕

η：機械効率（$0.7 \sim 0.8$）

④ 加工時間 T_w〔min〕

$$T_w = \frac{L}{f_n \cdot Z \cdot n} \qquad (4.4)$$

L：総加工長さ（被削材長さ（l）＋フライス直径（D））〔mm〕

f_n：1 刃当りの送り量〔mm/tooth〕

Z：カッタ刃数

n：主軸回転数〔min^{-1}〕

演 習 問 題

【1】 正面フライス加工で主軸回転数 800 min^{-1}，カッタの刃を 8 枚，テーブルの送り速度 400 mm/min の条件で平削りを行うとき，1 刃当りの送り量について求めなさい。

【2】 直径 12 mm のドリルで穴加工をする場合，主軸回転数が 2 300 min^{-1} のときの最大切削速度はどの程度となるか。

【3】 フライス盤による平面加工を加工長さ 600 mm に対して直径 60 mm で刃数 6 枚のカッタを使い，主軸回転数 1 850 min^{-1}，1 刃当りの送り量 0.50 mm/tooth で行う場合，加工時間はどの程度になるか求めなさい。

5 穴あけ加工

工作物に対して最初に穴あけを行う加工がドリル加工である。中ぐり加工，ブローチ加工，立削り盤加工などは，すでにあけられた穴径に対して拡大する加工である。穴あけには，ドリル（drill）と呼ばれる工具を使用する。ドリルは総称として「きり」を示している。しかし，工業的な意味合いでは，切りくずを外部へ排出させるためのねじり溝をもつ形で，先端部に2枚の切れ刃をもち，回転しつつ，軸方向の送りが与えられて円形の穴をあける工具である。

5.1 ドリル加工

穴あけ加工は，方法を含めて多種多様にある。これを切削加工でみると図5.1のようになる。また同じ穴あけであっても，図5.2に示すように（a）ドリル自体を回転させて加工する場合と，（b）工作物を回転させて加工する場合がある。ドリル加工の送りは，ドリル工具が1回転当りの移動量を表すことから，切れ刃2枚では，一刃が切削する量は設定した送り量の半分となる。

ドリル加工（drilling）の特徴は，図5.3で示すようにドリルの主切れ刃では工具の中心で切削速度がゼロであり，外周部に向って速度が増加し切れ刃の速度が一様な状態とはならず，その方向も変化することである。特にチゼル刃は先端角の半分程度の負すくい角で，加工材料を押し分けるような状態で加工が行われることから，切れ刃に働く推力（スラスト）および水平分力は図5.4のようになる。

また，2枚の切れ刃形状の対象性が薄れる場合では，しばしばチゼル刃の両

5.1 ドリル加工

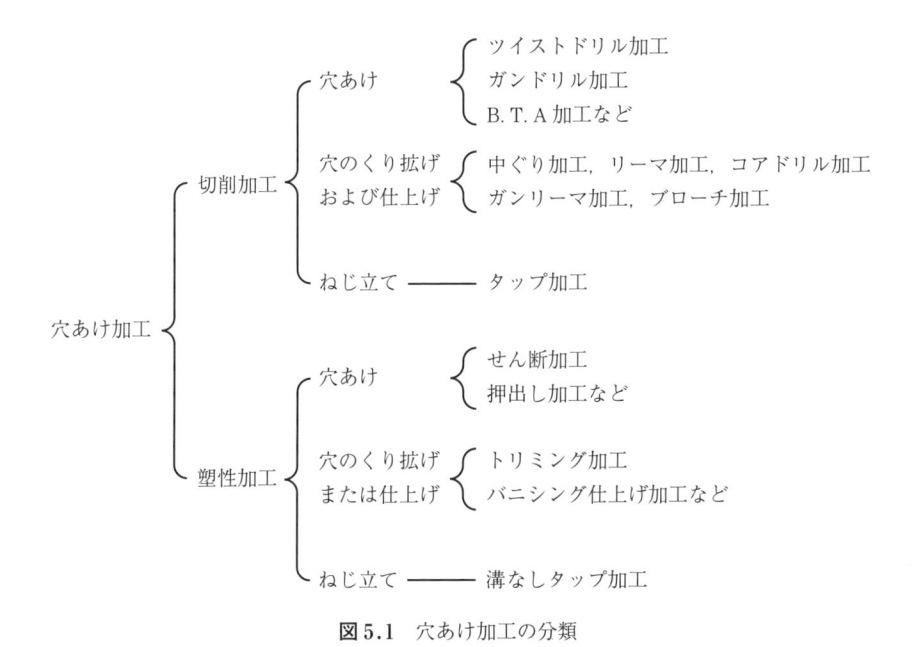

穴あけ加工
- 切削加工
  - 穴あけ
    - ツイストドリル加工
    - ガンドリル加工
    - B.T.A加工 など
  - 穴のくり拡げおよび仕上げ
    - 中ぐり加工,リーマ加工,コアドリル加工
    - ガンリーマ加工,ブローチ加工
  - ねじ立て ── タップ加工
- 塑性加工
  - 穴あけ
    - せん断加工
    - 押出し加工 など
  - 穴のくり拡げまたは仕上げ
    - トリミング加工
    - バニシング仕上げ加工 など
  - ねじ立て ── 溝なしタップ加工

図5.1 穴あけ加工の分類

（a）ドリル工具回転の場合

（b）工作物回転の場合

図5.2 穴あけ加工の種類

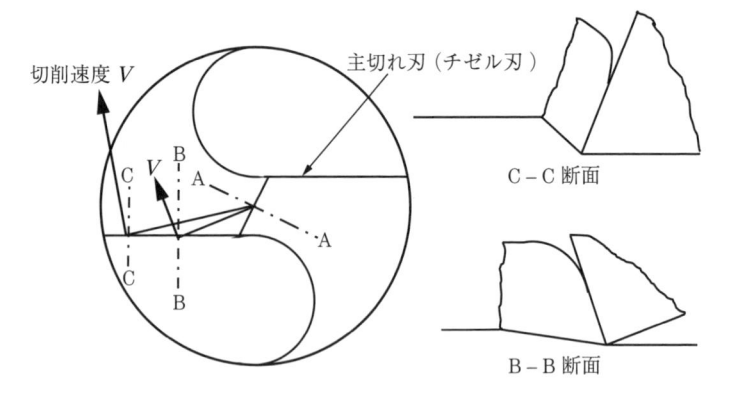

図5.3 ドリル切れ刃各部の切削状態

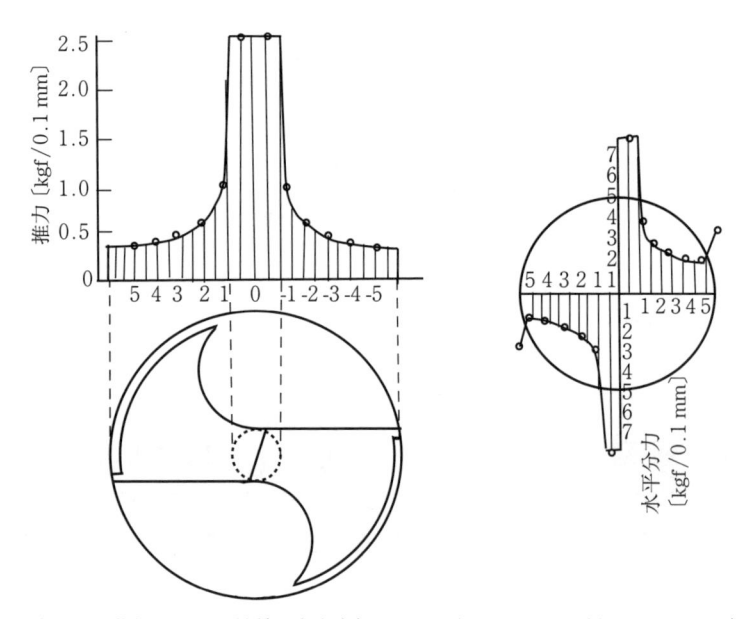

(被削材：7・3黄銅，ドリル材種：高炭素鋼，ドリル径：11 mm，送り：0.133 mm/rev)

図5.4 ドリルの推力および水平分力の分布の測定例[15]

端が交互に瞬間的に中心となる偏心加工が起きる。この運動状態はいわゆる，ごますり状態の運動となるため，加工初期段階で材料に**図5.5**に示す奇数多角形となる形状を作りだし，真円度のきわめて低い加工穴形状となる。

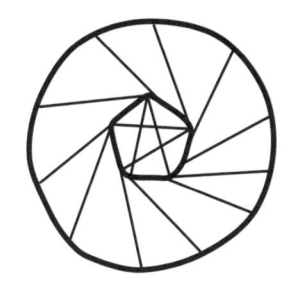

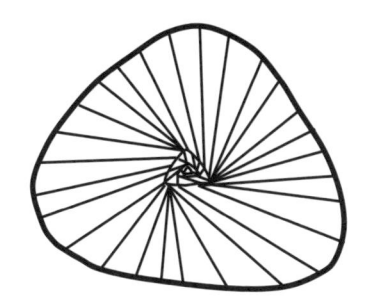

図5.5 加工に起きる奇数多角形状

また，ドリル工具の突出し長さは工具曲げ剛性を支配するため，この長さが不適切な場合，形状精度に影響が現れる。ドリル工具を円柱状で一様な断面形状とみなし，工具取り付け状態を片持ちはり状態と仮定すると，切れ刃がある先端部に作用する横からの荷重は，たわみ量として現れる。このたわみ量を δ_s，横からの荷重を F_s とすると

$$\delta_s = \frac{F_s \cdot L^3}{3E \cdot I} \tag{5.1}$$

I：工具の断面2次モーメント
E：工具の縦弾性係数
L：突出し長さ

となる。

よって，式 (5.1) より工具の突出し長さのほぼ3乗の関係が成り立つことがわかる。

一方，加工能率は加工速度が決め手であり，穴加工を行う際の工具送り速度 F と工具1回転当りの送り量 f_r との関係から，加工速度は式 (5.2) となる。ただし，1分間当りの工具送り速度を F [mm/min]，工具1回転当りの送り量を f_r [mm/rev]，工具回転数を N [min^{-1}] とする。

$$F = f_r \cdot N \tag{5.2}$$

5.2　ガンドリルとBTA加工

銃身のように穴径に対してきわめて深い長さの穴を加工する場合が，深穴加工である．このような加工では，**ガンドリル**（gun drill）や**中空形状きり**（trepanning drill）と呼ばれる，専用のドリルが用いられる．

一般的なガンドリルは，**図5.6**に示すようにドリル内部に貫通穴をもち，外部から加圧により大量に供給した切削油を切れ刃部に設けた穴を介して排出させながら切削できる構造である．1枚の切れ刃でねじれのないV溝シャンクをもつ形状で，通常のドリルに比べて，仕上げ面粗さ，穴形状精度ともに良好である．刃先頂部は偏心させてあるため，穴加工開始時にはガイドブッシュを使用するか，下穴加工を行っておく必要がある．構造的には，刃部とシャンクが同じ材種のもの，刃部とシャンクを溶接接合したもの，刃部に超硬合金をろう付けした付け刃のものがある．

同様に，大径穴で深穴加工をガンドリルに比べて高速で送り量が2～3倍となる重切削が行えるドリルとして，**図5.7**で示す**BTA**[5]（boring and

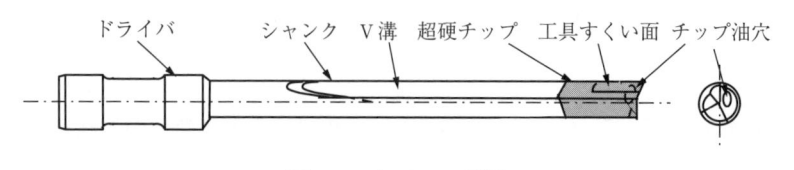

図5.6　ガンドリル外観

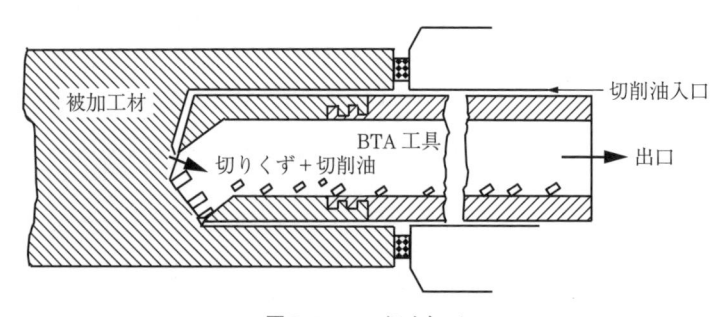

図5.7　BTA深穴加工

trepanning association）がある。この工具は切削油を穴壁とドリルの間にできた空隙を使い供給しつつ，切りくずをドリル中央にある穴から切削油剤とともに外部へ排出する構造で，大径の深穴加工や大径の中ぐり加工に対して，総称BTA加工法として利用されている。

演 習 問 題

【1】 ドリル工具の突出し長さが，たわみ量とどのような関係があるのか説明しなさい。
【2】 汎用ドリルに比べてガンドリルがもつ優れた機能について説明しなさい。
【3】 BTA加工法の特徴を説明しなさい。

6 切削機構

切りくず生成現象[8]は，切削様式により大きく左右され，排出される切りくずの形状も大きく変化する。一般的には，切削工具の切れ刃状態と工作物（被削材）間の幾何学的な関係により，**切削機構**（mechanics of cutting）を考える。平面プレーナ加工でみられる**二次元切削**（orthogonal cutting），また**傾斜切削**（oblique cutting）などの**三次元切削**（three dimensional cutting）に区分できる。

6.1 二次元切削と三次元切削

図 6.1 に示すような傾斜切削加工では，切れ刃が切削方向と直角状態とはならず，切れ刃が傾斜する場合や切れ刃が曲線形状となるなど，力の作用方向は X 軸，Y 軸，Z 軸からの三次元的挙動となる。そこで，これまではこれをよりわかりやすくするため，図 6.2 の突切り加工のような二次元平面問題と

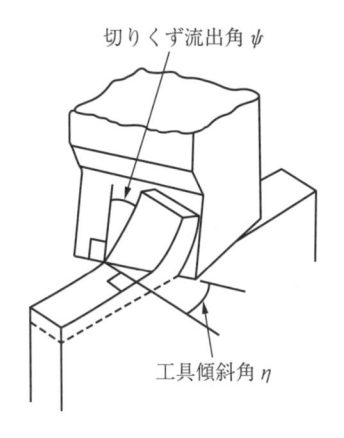

図 6.1　傾斜切削加工

(a) 突切り加工　　　　　　（b） 端面加工

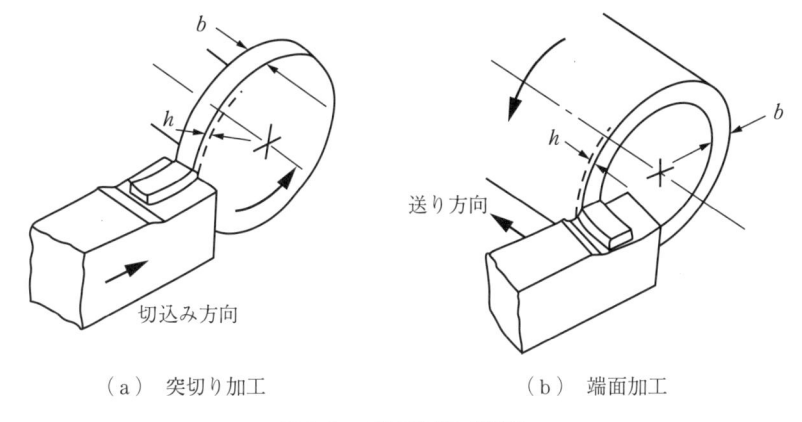

図6.2　二次元切削（旋削）

して取り扱ってきた．しかし，多くの切削加工でみられる三次元切削を正確な現象問題として取り扱うことへの要望も強くある．しかし，近年コンピュータ処理能力の向上により，力学的現象に対して有限要素法などを使って解析する研究で優れた成果を得ている．

6.2　切削の力学

6.2.1　切削抵抗力

工具が被削材を切削する場合，被削材は工具刃先から，また工具は被削材から，それぞれたがいに力を受けることになる．この力を**切削抵抗力**（cutting force）と呼ぶ．この切削抵抗力は切削に必要な動力，加工物の寸法・形状精度，仕上げ面粗さ，工具寿命，切削温度などの多くの項目に影響を与える．

旋盤による丸棒旋削では図6.3に示すように，工具に作用する**切削抵抗合力**（resultant cutting force）Fは，**主分力**（principal force）F_p，**送り分力**（feed force）F_f，**背分力**（thrust force）F_tの3分力に分けられる．これらの力を測定するには，抵抗線ひずみゲージ形測定器や水晶圧電素子を使った計測機器などがある．

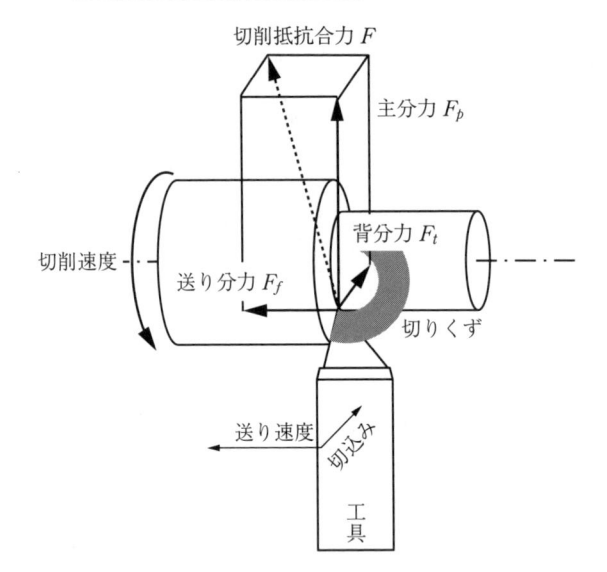

図6.3 切削抵抗合力

6.2.2 せん断角

二次元切削で切りくずが流れ形となる場合，切削は安定した状態にある。この安定した切りくずと工具刃先との幾何学的な関係を図6.4に示す。図中の

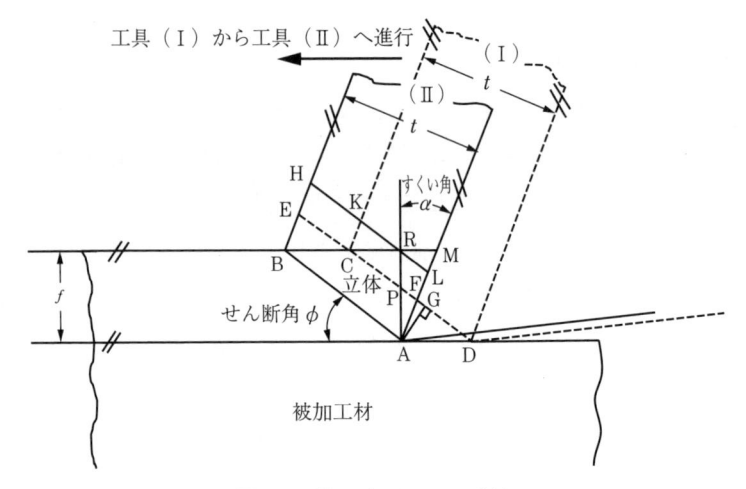

図6.4 単一面によるせん断角

6.2 切削の力学

工具が(Ⅰ)の位置から(Ⅱ)の位置へ進行すると，被削材の ABCD は塑性変形して切りくず ABEF となると仮定する。ここで AB または DC と工具の進行方向とのなす角 ϕ を**せん断角**（shear angle）[°]と呼び，式 (6.1) のように求まる。

また，**工具すくい角**（rake angle）を α [°]，**切りくず厚さ**（chip thickness）を t [mm] とすると，図において厚さ AG の被削材の点 D が点 F に移動し，すべてが切りくずとなると仮定する。このすべり変形を**せん断変形**（shear deformation）と呼び，このときのひずみを**せん断ひずみ**（shear strain）と呼び，せん断ひずみ γ_s は以下のような式展開により求まる（式 (6.2)）。

$$HR + RL = t$$

$$\frac{HR}{BR} = \cos\alpha$$

$$\frac{RL}{AR} = \sin\alpha$$

したがって，$BR\cos\alpha + AR\sin\alpha = t$

$$BR = \frac{t - AR\sin\alpha}{\cos\alpha}$$

ここで，AR = f（切込み量 [mm]）であるから

$$BR = \frac{t - f\sin\alpha}{\cos\alpha}$$

一方，$\tan\phi = \dfrac{f}{BR}$

$$\tan\phi = \frac{f\cos\alpha}{t - f\sin\alpha}$$

$$\tan\phi = \frac{(f/t)\cos\alpha}{\{1 - (f/t)\sin\alpha\}}$$

$$\phi = \tan^{-1}\left[\frac{(f/t)\cos\alpha}{\{1 - (f/t)\sin\alpha\}}\right] \tag{6.1}$$

$\dfrac{f}{t}$ を切削比と呼ぶ。

$$\gamma_s = \frac{FD}{AG} = \frac{FG}{AG} + \frac{GD}{AG}$$

ここで

$$\frac{FG}{AG} = \tan(\angle FAG)$$

$$\angle FAG = \angle PAG - \angle PAF$$

$$\angle PAG = \alpha \text{ であるから}$$

$$\angle FAG = \angle PAG - \alpha$$

三角形　PAG から　　　$\angle PAG = 90° - \angle APG$

三角形　PAD から　　　$\angle APG = 90° - \phi$

したがって

$$\angle PAG = 90° - (90° - \phi) = \phi$$

$$\angle FAG = \phi - \alpha$$

$$\frac{FG}{AG} = \tan(\phi - \alpha)$$

一方

$$\frac{GD}{AG} = \cot(\angle ADG) = \cot\phi$$

$$\gamma_s = \tan(\phi - \alpha) + \cot\phi \tag{6.2}$$

6.2.3　工具・切りくず接触長さ

工具・切りくず接触長さ（tool and chip contact length）は工具すくい面上の応力やひずみ状態と直接関係し，切削せん断面で作用する応力やひずみ状態を間接的に左右する。切削中に作用する工具のたわみや振動などの問題を除外して，純粋に幾何学的な関係で構築される切削力を釣合いから求めるもので，これを**工具・切りくず理論接触長さ**（theoretical tool and chip contact length）という。

図 6.5 において点 A から切削合力の方向に平行に AB を取ると AD と AB に

6.2 切削の力学

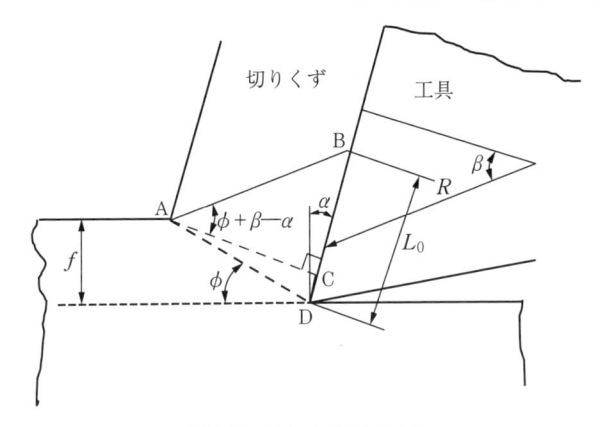

図6.5 切りくず接触長さ

挟まれる領域が工具を押し付け，その間の BD の範囲で切りくずが工具と完全に接触するものとする。この BD を理論接触長さと呼び，これを L_0 で示す。

点 A から工具すくい面に垂直に AC を取り，この長さを把握することで工具すくい面および切削せん断面近傍で起きる力学的変化を推定することが可能となる。切削抵抗の合力 R を工具すくい面上に作用する摩擦力と垂直に作用する分力に分解し，この垂直分力と合力とがなす角を摩擦角 β 〔°〕とする。この摩擦角 β が大きくなること，すなわち工具すくい面の圧縮応力 σ_f が小さくなれば，すくい面上にできる工具接触長さは長くなることがわかる。そこで，図 6.5 で示す二次元切削の幾何学的な関係から工具すくい面上の理論的切りくず接触長さ L_0 について検討する。この L_0 は工具先端 D から B までの長さとすると，L_0 は式 (6.3) の関係となる。

$$L_0 = BC + CD \tag{6.3}$$

$$BC = \frac{AB}{\sin \beta}$$

$$AB = \frac{AC}{\cos \beta}$$

$$AC = AD \cos (\phi - \alpha)$$

$$AD = \frac{f}{\sin \phi}$$

したがって

$$BC = \frac{f \cdot \cos(\phi - \alpha) \sin \beta}{\sin \phi \cdot \cos \beta} \tag{6.4}$$

となる。
また $CD = AD \cdot \sin(\phi - \alpha)$ であり

$$CD = \frac{f \cdot \sin(\phi - \alpha)}{\sin \phi} \tag{6.5}$$

となる。さらに，式 (6.3) に式 (6.4)，式 (6.5) を代入すると式 (6.6) となり，理論切りくず接触長さ L_0 が求まる。

$$L_0 = \frac{f \cdot \sin(\phi + \beta - \alpha)}{\sin \phi \cdot \cos \beta} \tag{6.6}$$

　工具すくい面上の切りくず接触長さと切削せん断面ひずみは，切削現象を把握するうえで重要な要素となる。

6.2.4　切削加工温度

　鋭利な切れ刃によって切削が行われ切りくずが生成されるとき，図 6.6 で示すように切削せん断面や工具すくい面および刃先において塑性変形仕事と摩擦仕事が行われ，その仕事量はいずれも熱に変化して 8 割程度が切りくずへ移

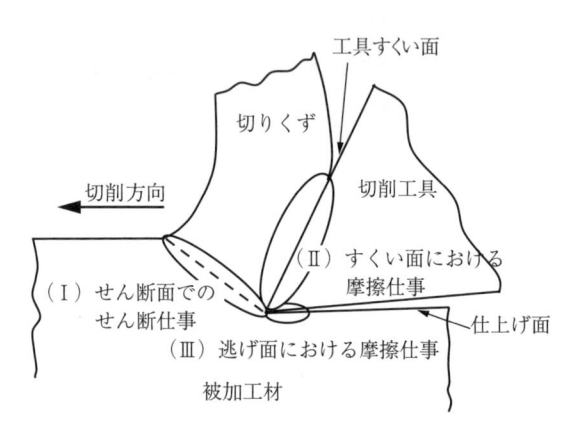

図 6.6　工具・被加工材料間の働き

行し，残りが加工材や工具に流入して温度の上昇を招く．

この**切削加工温度**（cutting temperature）と密接な関係があるのが切削速度であり，図 6.7 で示すように速度の上昇は加工温度を上げる．その結果，発

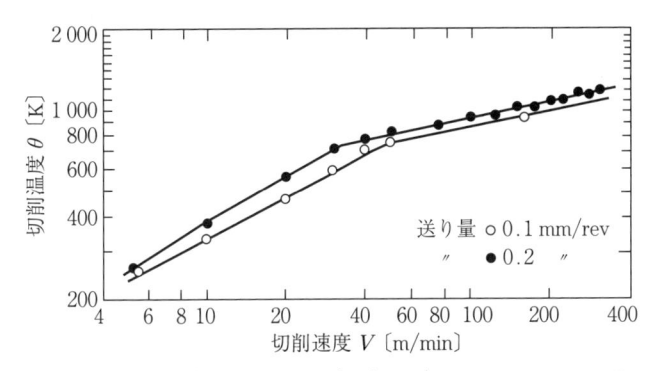

被削材：耐熱鋼 G18B，工具：超硬 P10（0, 15, 6, 6, 15, 15, 0.5），切込み：1.5 mm，送り量：0.1 mm/rev，0.2 mm/rev
切削速度と切削温度（絶対温度）の関係

図 6.7 切削温度と切削速度

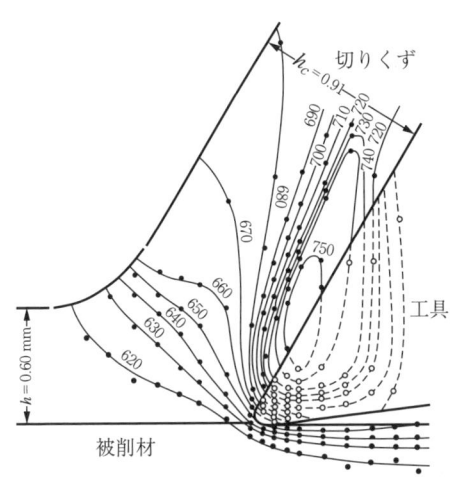

被削材：快削鋼，すくい角：30°，逃げ角：7°，切削速度：22.5 m/min，切削幅：6.25 mm，被削材予熱温度：610 ℃
赤外線写真による切削温度測定結果（Boothroyd）

図 6.8 切削温度の状態

熱量の2割程度であっても工具は軟化や酸化を招き，工具すくい面や逃げ面に激しい摩耗を伴うので工具寿命へ影響する。

加工材に対しては寸法精度や加工表面性状に影響を与える。したがって，工具すくい面上の温度状態を把握することは高品位な加工を行ううえで重要となるが，図6.8で示すように，切れ刃と切りくず間の温度状態は複雑な状態であることを知る必要がある。

6.3 加工条件と加工費用

切削加工の目的は，所要の形状，寸法それに仕上げ面粗さをもつ製品を，最適な条件で最も経済的に作り出すことである。本節では，加工における**切削条件**（cutting condition）と**加工費用**（cutting cost）について説明する。

6.3.1 工 具 摩 耗

切削を続けると図6.9で示すような摩耗が工具に現れる。また，切削時間の経過とともに図6.10の状態で工具摩耗（tool wear）は変化して，最終的には使用不可能な状態となる。このため，加工品位を保つには切れ刃の摩耗が大きく影響しない切削時間範囲での，工具交換が必要条件となる。

この工具交換の目安として活用される代表的な式として，**テーラー**（F. W. Taylor）の**工具寿命方程式**がある。この式は切削時間 T〔min〕，切削速度 V

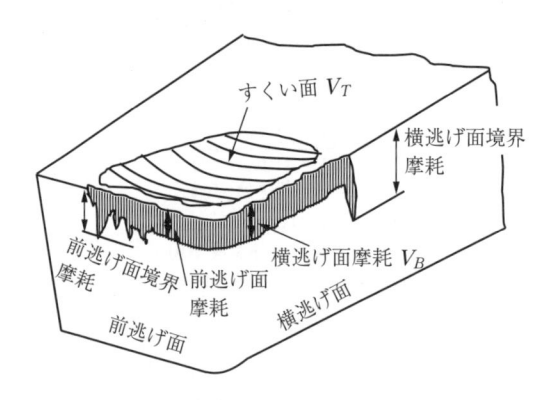

図6.9 工具摩耗状態

6.3 加工条件と加工費用

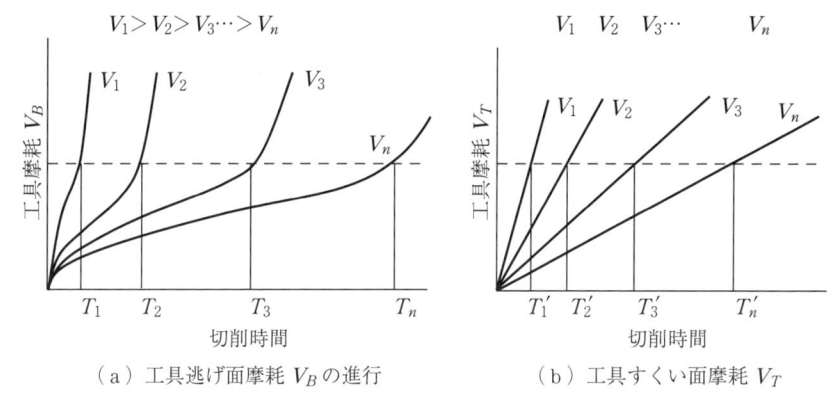

図 6.10 工具逃げ面摩耗の変化

(a) 工具逃げ面摩耗 V_B の進行
(b) 工具すくい面摩耗 V_T

〔m/min〕，工具逃げ面摩耗 K〔mm〕，工具材料特性値 n とした場合，式（6.7）となる．なお，n は高速度鋼工具：0.1～0.4，超硬工具：0.3～0.8である．

$$V \cdot T^n = K \tag{6.7}$$

式（6.7）は指数関数となるので**図 6.11**[9]のように両対数で表し，直線の関係として利用する．

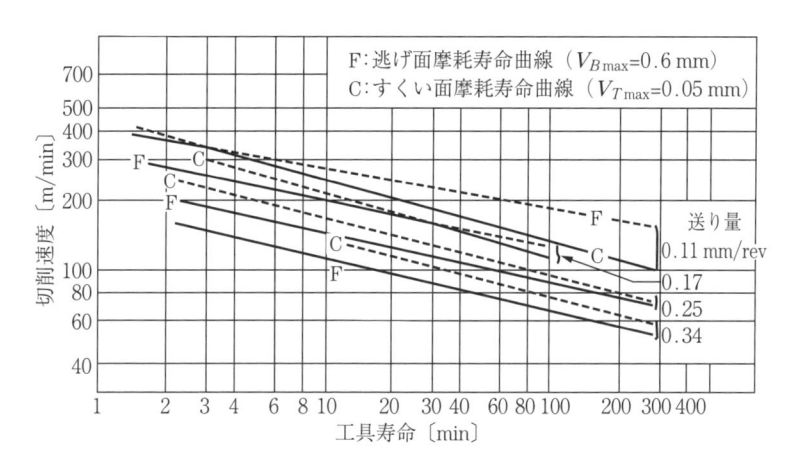

工具：超硬 P20（0, 10, 6, 6, 15, 15, 0.6），被削材：18-8 ステンレス SUS 304，切込み：2 mm，乾式長手旋削

図 6.11 工具寿命曲線

6.3.2 仕上げ面粗さ

切削加工では，工具の刃先形状が転写され仕上げ面に凹凸を作る。これが**仕上げ面粗さ**（surface roughness）である。しかし実際には，工作機械の主軸をはじめ被削材はふれまわりの運動を起こすため，被削材は真の円運動とはならず，工具と被削材の相対運動はつねに変動している。また，工具切刃の輪郭形状は必ずしも滑らかではなく，研磨不整による凹凸をもっている。さらに，工具は切削の進行に伴い，刃先は欠け，摩耗によって形状変化が加わり，切削条件によっては構成刃先の生成脱落により形状変化などの影響を受けて仕上げ面粗さが形成される。

この粗さを大別すると切削方向の粗さと送り方向の粗さに分けられる。旋削，形削り，平削り，ブローチ削りなどは切削方向の理論粗さはゼロとなる。反面，送り量を与える旋削，形削り，平削り，正面フライス加工などでは送り方向の粗さ，いわゆるカッタの送り痕で形成される理論粗さをもつことになる。しかし，実際の加工で得られる仕上げ面粗さは理論数値とは一致せず，かなりかけ離れた値となる。したがって，仕上げ面粗さを含む加工形状精度の品位が製品の付加価値に大きな影響を及ぼす。加えて加工表面に形成される加工変質層などの材質的な品位も要求内容を十分に満たすことが必要で，形状的品位と材質的品位の双方が高い加工品となるほど好ましい。

一方，加工費用の低減を踏まえると，加工製品は図面で指定された以上の数値は必要ではなく，指定限界内に収まっていればよいことになる。このような成立を制限条件と言い，切削条件はこの制限条件を満たすように設定することが重要である。なお，粗さなどの幾何学的品位としては，仕上げ面性状，寸法精度，欠けやバリの有無，うねりや粗さなどがある。また，材質的品位には仕上げ面に形成される加工変質層や残留応力状態，それに表面硬さなどがある。仮に工具と被削材の相対運動が幾何学的に正しく理想状態で行われた場合，工具切れ刃がもつ輪郭部の形状が加工面に転写され，切れ刃の輪郭形状と一致した仕上げ面ができあがる。このような粗さを**理論最大粗さ**（theoretical surface roughness）と言い，加工面の粗さを評価する場合の指標の一つとして利用さ

れる。

図 6.12 で示すように理論最大粗さ $R_{\max(\text{th})}$ 〔μm〕は工具の刃先丸み半径を r 〔mm〕, 1 回転当りの送り量を f 〔mm/rev〕とすれば, 式 (6.8) の関係となる。

$$R_{\max(\text{th})} \fallingdotseq \frac{f^2}{8\,r} \times 1\,000 \tag{6.8}$$

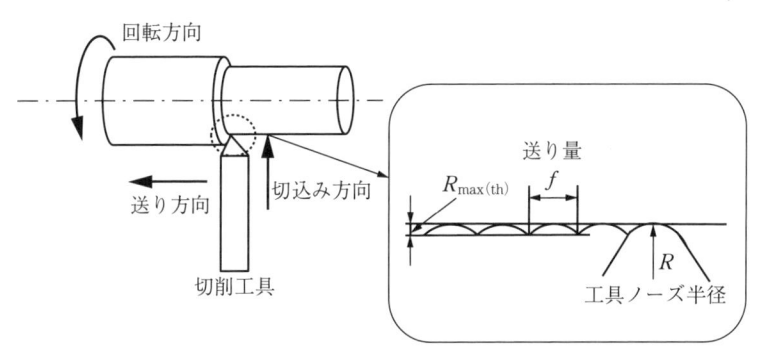

図 6.12 理論仕上げ面粗さ

しかし, 実際の工作物の表面粗さは切刃の形状精度, 工具摩耗, 構成刃先, 工作機械の振動, 送り量の変動などが重なり, 理論的粗さより大きな値となるのが一般的である。

6.3.3 切りくず形状と処理

切削加工の目的からみた場合, 切りくずは邪魔物でありその処理に悩まされる。この切りくずを円滑に排出させ破棄することは, 作業能率や安全性を確保するために必要である。マシニングセンタや CNC 旋盤などを組み込む生産システムでは, 作業者の無人化や作業担当者の人数制限が伴う制約環境下となるため, 切りくず処理の不確定性は大きな障害となる。

また, 切りくずの処理の難易は切りくずの形状によって左右され, 工具の欠損や摩耗とも強く関係している。切削方式, 工具の切れ刃形状, 切削条件, 被加工材の材質特性などによって, 形成される切りくずは多様な形状なものとな

48　6. 切削機構

るが，排出される切りくずは切削過程を反映する多くの情報を含んでおり，これを詳細に観察することで切削加工状態の良し悪しを知ることができる。

わが国では，切りくずの形状を（a）**流れ形**（flow type），（b）**せん断形**（shear type），（c）**むしれ形**（tear type），（d）**き裂形**（crack type）に大別する様式が用いられている。これらの切りくずの形状を**図 6.13**に示す。

(a) 流れ形切りくず

(b) せん断形切りくず

(c) むしれ形切りくず

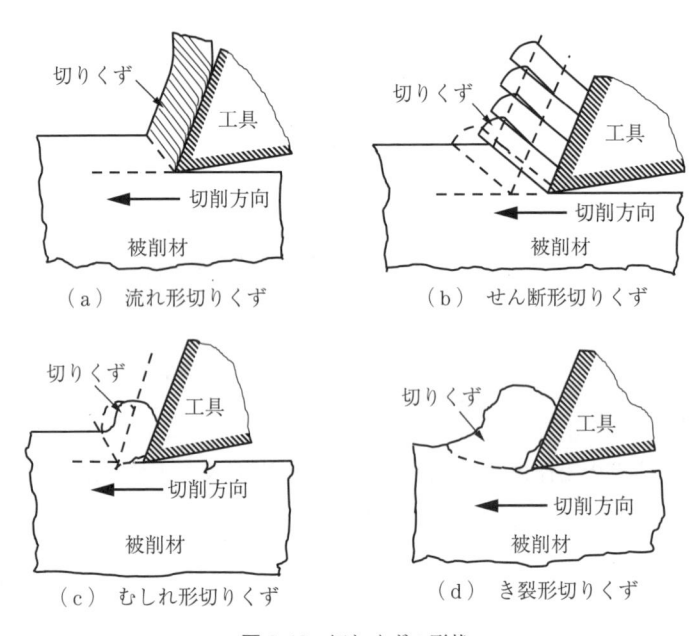

(d) き裂形切りくず

図 6.13　切りくずの形状

切りくずが連続する流れ形の切りくずは，厚さが一様で切削状態が最も安定した理想的な状態のときに発生する。したがって，仕上げ面性状も良好であり，仕上げ面粗さも安定した状態となる。せん断形切りくずは，材質特性として脆い材料の場合にみられる形で，材種では6·4黄銅などがこれに当てはまる。この切りくずは台形形状であり，これが周期的に起きる。併せて，切削抵抗力や仕上げ面粗さも周期的な変化を示す。

むしれ形は，非常に延性に優れた材質にみられる切りくずで純金属などを切削した場合に起き，仕上げ面性状はきわめて悪くなる。き裂形は，脆い材質特

6.3 加工条件と加工費用

性を有する鋳鉄材料を切削加工した場合に発生し，加工面は鋭角的な凹凸をもつ脆性(ぜいせい)的な仕上げ面となる。

また，切りくずが流れ形の場合には，図6.14で示すような刃先部に付着物が堆積することがしばしばある。この付着物は，被削材の一部が堆積・凝着してできるもので，疑似的な刃先を構成する。アルミニウム，ステンレスや鋼などの延性で加工硬化しやすい材料で発生しやすく，切削速度や工具材種等によっても大きく左右される。しかもこの構成刃先は，$1/10 \sim 1/200$〔s〕時間と非常に短い間隔で生成と脱落を繰り返すとされている。したがって，非常に不安定な切削状態となるため，仕上げ面性状が悪くなる。これを回避する切削条件を選択することが重要で，工具すくい角を大きく取り，切削速度や送り速度を大きくするなどの方法が用いられている。

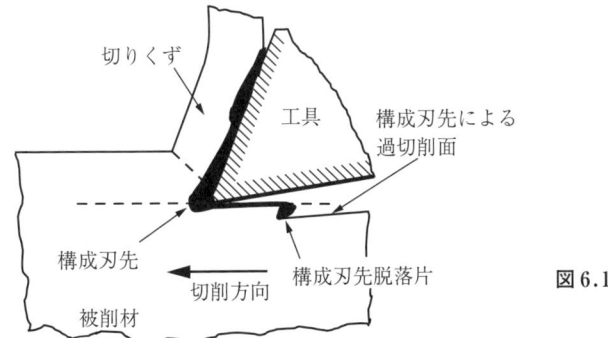

図6.14 構成刃先と仕上げ面

一方，切りくず形状が流れ形となる場合，仕上げ面性状が安定することは先に触れたが，切りくずの処理性からみた場合，連続的で長く伸びた切りくずは切れ刃部や加工面に絡みつき，仕上げ面に傷を付けたり工具と激しい接触や衝突を繰り返して，切れ刃にチッピングや欠損を誘発させる扱いにくい状態を招く。このような切りくずに対して，**チップブレーカ**（chip breaker）または**チップフォーマ**（chip former）を用いることで，切りくずを幾何学的に強制的に湾曲させ，切りくずのカール半径を変え工具のシャンク部等に当て破断させる処理がとられている。

切りくずのカール半径とチップブレーカとの幾何学的関係を**図 6.15** に示す．排出された切りくずの湾曲半径は，チップブレーカとどのような状態で接触するのかで決まる．図（a）で示すように，チップブレーカの肩部で接触する場合は，式 (6.9) の関係となる．また，図（b）で示すように，チップブレーカの傾斜面で接触する場合は，式 (6.10) の関係となる．なお，切りくずのカール半径を R_t，工具すくい面上で切りくずが接触する長さを L，チップブレーカ幅長さを W，ブレーカの高さを h，ブレーカ面の傾斜角度を θ として，それぞれの式を示す．

$$R_t = \frac{(W-L)^2}{2h} + \frac{h}{2} \tag{6.9}$$

$$R_t = (W-L)\cot\left(\frac{\theta}{2}\right) \tag{6.10}$$

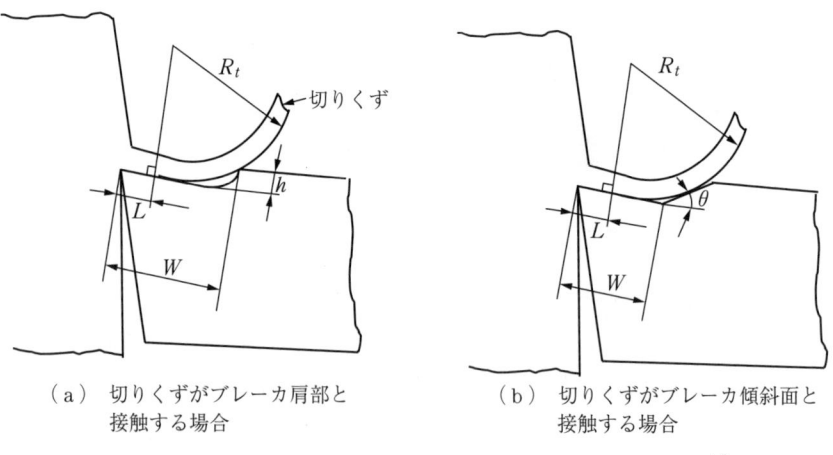

（a）切りくずがブレーカ肩部と接触する場合

（b）切りくずがブレーカ傾斜面と接触する場合

図 6.15 切りくずのカール半径とチップブレーカとの幾何学的関係[14]

6.3.4 工具摩耗の影響

工具寿命の到達を知ることは，製品を品質管理するうえで重要である．しかし，ここで注意しなければならないことは，加工時間を短縮するために切削速度を早くすれば，一見，加工効率が上昇するかのように思いがちなことであ

る。しかし，切削速度の上昇は工具磨耗の増加を促進することになるので，実際には工具交換や工具の再研磨などが加わり，結果的には工具コストも上昇する。したがって，つねに切削コストプラス工具係費を含めた総合的な費用が最小となる加工条件を選択する必要性がある。

当然のことながら工具が大きく欠損した場合，工具の交換が必要になる。しかし工具が比較的安定した状態で徐々に摩耗が進行する場合，どの時点で工具を交換するかは重要で，切削加工の能率や加工費用を左右することになる。通常は，工具摩耗が製品品質に及ぼす影響の度合いにより判断することになる。

その状態としては，製品の寸法精度の低下，仕上げ面粗さの増大などで確認できる。製品の寸法精度の低下は，工具の逃げ面が摩耗することで刃先が後退するため，図6.16で示す幾何学的な関係により，この後退分量に相応して被削材寸法が大きくなる。

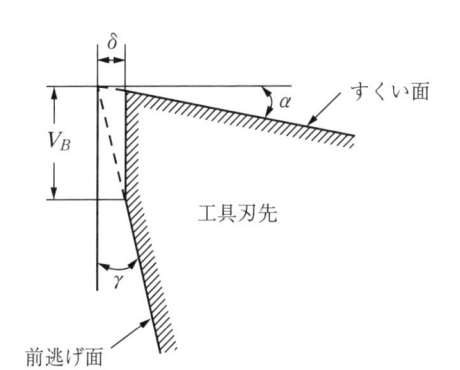

図6.16 逃げ面摩耗幅 V_B と刃先の後退量

工具の逃げ面摩耗幅 V_B と刃先後退量 δ の関係は，工具逃げ角 γ，工具すくい角 α とした場合，式 (6.11) となる。なお，$\tan \alpha$ は $\cot \gamma$ に比べて小さく無視することができる。一般的に，γ は $5 \sim 7°$ であるので，δ は V_B の10%程度となる。

$$\delta = \frac{V_B}{\cot \gamma \cdot \tan \alpha} \tag{6.11}$$

また，寸法精度の低下への要因として，背分力の増加による製品直径の増加

現象を知る必要がある。逃げ面摩耗が増加すると背分力も増加し、被削材に対して曲げ弾性変形量が大きくなることから、その分量に合せて切込み量が小さくなる。特に剛性の小さな被削材での中央部やテールストック側では、直径が大きくなる。

また、熱膨張による過切削が招く問題がある。切削熱の一部が被削材と工具に流入して温度の上昇を招き、熱膨張を伴い削りすぎとなる。その結果、通常の温度状態では製品の直径が小さくなる。

仕上げ面粗さが増大する要因としては、摩耗により切れ刃の輪郭形状が変化することや、構成刃先の生成と脱落が繰り返されることでの影響がある。仕上げ面粗さの指標としては、幾何学的に求められる理論最大粗さ $R_{max\,(th)}$ がある。しかし、実際の切削加工では工作機械の振動、工具剛性、被削材特性などの要因により理論最大粗さより大きな値となる。このため、良好な表面粗さを得るには、つねに工作機械と工具の保守点検を行い統括的な管理を行うことが必要である。

演 習 問 題

【1】 切込み f を 0.2 mm、切削速度 180 m/min で二次元切削を行った。ここで得られた切りくずの厚さ L_0 は 0.32 mm であった。このときの切削比を求めなさい。

【2】 二次元切削を行った際にできる工具・切りくず接触長さ L_0 を知りたい。切削条件は工具すくい角 α を 6°で切込み量 f を 1.5 mm に設定した。せん断角 ϕ を 23°、摩擦角 β を 20°の場合の L_0 の長さを算出しなさい。

【3】 刃先丸み半径 r が 0.8 mm の工具を使い、送り量 f が 0.18 mm/rev で旋削した。この場合の理論最大粗さを求めなさい。

【4】 切削加工温度は、切削工具にどのような影響を与えるのか説明しなさい。

7 研削加工および砥粒加工

博物館で古代遺跡からの出土品をみると，いまから数千年も前に確立していた人間のものづくりの技に改めて驚かされる。精巧な装飾品の中には勾玉のように硬質なメノウ（SiO_2 を主成分とする鉱物）を水滴状の形状に加工して表面を磨いて光沢を出し，さらに紐を通すための穴を加工したものもみられる（図7.1）。

図7.1 砥粒加工のルーツ（古代人は勾玉にどのようにして穴を開けたのだろうか？）

切削加工に不向きな硬い材料の除去加工や，切削加工において避けられない切削痕（ツールマーク）が残らない加工，さらに切削では実現が難しい高精度加工を実現するため，生産現場では**研削加工**（grinding）あるいは**研磨加工**（polishing）が用いられている。例えば，ドリルやエンドミルのような切削工具の製造工程では，ハイス（高速度鋼）や超硬のような切削加工が困難な硬質材料に対して，高精度な除去加工および仕上げ加工を行うために研削加工が用いられている。

また，自動車のエンジンのように混合気を圧縮し，点火爆発時の力を回転力に変換する機械ではシリンダとピストンの間の気密性の保持と潤滑性を両立させることが重要であり，シリンダ内面（円筒面）を高い精度で仕上げ加工をするために，**中ぐり切削**（ボーリング）の後でホーニングと呼ばれる砥粒加工を

実施する（図7.2）。

またナイフやフォークなどのステンレス鋼製の食器表面の鏡面は，金属板をプレス成形後にその表面を研磨加工して得られるものである（図7.3）。本章では，以下これらの加工の原理について解説していく。これらの加工の原理は，基本的には古代の勾玉製作に用いられた技術と基本的に同じである。ものづくりテクノロジーは，長い年月を経た人間の叡智の結晶であることに改めて驚かされる。

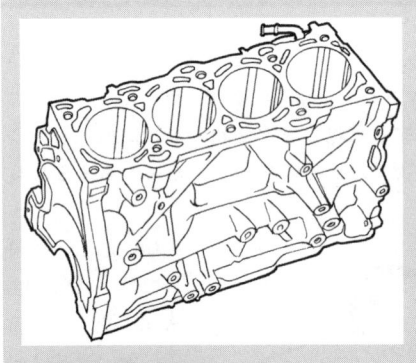

図7.2 自動車用エンジンシリンダ内面のホーニング仕上げ

図7.3 鏡面加工された金属製食器

7.1 砥　　　粒

一般に金属単体や合金などと比較して各種の炭化物や酸化物は硬度が格段に高いため，金属表面の研磨や除去加工にはこれらの硬質な物質を適用することが可能である。このような硬度の差は，金属結合性の物質は外力の印加による変形時に転位の移動が生じるため比較的小さい力で塑性変形するのに対して，共有結合性の材料の場合は金属結合とは異なり，外力によってほとんど変形することなく脆性破壊する性質があることに起因すると考えられる。

古来より，硬質な**酸化アルミニウム**（Al_2O_3）を多く含み研磨性に優れた材料（柘榴石や金剛砂）を採掘し，宝石や刀剣，木工品の研磨に利用したとする記録が残っている。人間がさまざまな材料固有の特性をよく理解してものづく

りのために利用してきた一例である。また，すべての材料で最も硬いのは炭素の同素体である**ダイヤモンド**であることはすでに述べたとおりであり，ダイヤモンド粉末もまた良質な研磨剤として重用されてきた。

硬質材料はもともとは鉱石として天然に産出するものを利用してきたが，産業革命以来，砥粒の需要が急激に拡大したことに伴って，人工的に合成して利用するようになっている。これらの硬質材料の粉末は**砥粒**（abrasive）と呼ばれ，現在の工業生産において金属をはじめとする各種材料表面の研磨や除去加工に広く用いられている。このような砥粒を利用した加工全般を**砥粒加工**と呼び，切削と並んで重要な加工方法の一つである。

現在広く用いられている代表的な砥粒材種を以下に示す。

（1）**WA 砥粒**　　WA（white arundum）とは，天然に産出するルビーやサファイアの総称である**鋼玉**（corundum）の粉末を人工的に製造したものであり，砥石の製造で有名な Norton 社の商標が一般名詞化したものである。外観は製法により白色あるいは原材料のボーキサイト成分の混入によるやや褐色を帯びた粉末である。WA の主成分は酸化アルミニウム（Al_2O_3）で，サンドペーパー，各種研磨剤，後述する普通鋼用の研削砥石などに広く用いられている。

（2）**GC 砥粒**　　GC（green carborundum）の主成分は**炭化ケイ素**（**SiC**）である。carborundum という名称もまた砥石メーカーの商標が一般化したものである。外観はくすんだ緑色で WA 砥粒よりも硬度が高いために研磨性能が高く，超硬材料のような高硬度材の精密研削に向いている。なお，高純度の単結晶 SiC は半導体材料として LED 用の基板やファインセラミックス材料としても用いられ，新しい電気自動車（EV）やハイブリッド車（HV）用の高効率電流制御用半導体として有望視されている。

（3）**ダイヤモンド砥粒**　　ダイヤモンドは，すべての物質の中で最も硬く，加工性能に優れた砥粒である。ダイヤモンド原石から宝飾用のカッティング（加工）を行うためには，ダイヤモンド砥粒を用いる必要がある。その一方で，一般工業用としては前述のようにダイヤモンドは耐熱性（酸化開始温度）が低く，また高温では鉄に対し固溶する性質があるため，鉄鋼材料の高速研削

加工への利用は不向きである。ただし，7.3.1項で後述する**ラッピング**のような低速の研磨加工においては加工温度が室温に近く，ダイヤモンド砥粒の適用が有効である。

ダイヤモンドは高価な宝石というイメージがあるが，生産加工分野においては人造，天然を含めて切削工具や砥粒として安価かつ大量に供給されている。

（4）**cBN 砥粒**　　**cBN**（cubic boron nitride，立方晶窒化ホウ素：borazon）はダイヤモンドに次ぐ硬さを有する物質として知られており，ダイヤモンドとは異なり天然に産出せず人工的に合成される[†]。また cBN はダイヤモンドとは異なり鉄鋼材料に対する親和性をもたないことから，その焼結体は切削工具として鉄鋼材料の重切削加工に利用されるほか，砥粒としても急激に利用が広がっている。cBN 砥石を用いることで，従来の WA や GC では困難だった焼入れ鋼をはじめとする高硬度材料の高能率研削が可能となってきた。

砥粒加工は，微小な硬質粒子によって被加工材料を引っかく（abrasive）ことによって進行する。この微小な引っかきを加工面全体に対して均一に起こすことによって，精密な除去加工が実現する。したがって，砥粒にはその材質が均質であることとともに粒子の大きさがそろっていることが求められる。

砥粒の粒径は古くから**番手**（メッシュ）によって表示される。これは，天然に産出される砥粒をさまざまな大きさの粒子が混合した状態から粒子の大きさによって分別するために，開口部（目）の大きさが異なるふるい（メッシュ）を利用したことに由来する。なお JIS R6001（研削といし用研磨材の粒度）によると，砥粒粒径の測定方法によって同じ番手であっても平均粒径が異なるため注意が必要である。

代表的な砥粒の番手と粒径分布の関係の目安を**表7.1**および**表7.2**に示す。

[†] ダイヤモンドや cBN の合成には 5〜8 GPa（5〜8万気圧）もの高い圧力と 2 000 K 以上の高温による処理が必要で，いずれもアメリカの GE（General Electric）社によって 1950 年代に開発された。

7.1 砥粒

表7.1 比較的粒径が大きい砥粒の粒度分布

粒度	粒径*〔μm〕	粒度	粒径*〔μm〕
F4	4 750	F36	500
F5	4 000	F40	425
F6	3 350	F46	355
F7	2 800	F54	300
F8	2 360	F60	250
F10	2 000	F70	212
F12	1 700	F80	180
F14	1 400	F90	150
F16	1 180	F100	125
F20	1 000	F120	106
F22	850	F150	75
F24	710	F180	63
F30	600	F220	53

＊下記に示す目のふるいに 40 ～ 45 ％ どどまり，1段粗いふるいは 75 ～ 85 ％ 通過し，1段細かいふるいに 60 ～ 70 ％ どどまるように規定。
JIS R6001 に基づき筆者作成

表7.2 微細な砥粒の粒度と平均粒径

粒度	沈降試験法〔μm〕	電気抵抗試験法	粒度	沈降試験法〔μm〕	電気抵抗試験法
#240	60.0 ± 4.0	57.0 ± 3.0	#1 000	15.5 ± 1.0	11.5 ± 1.0
#280	52.0 ± 3.0	48.0 ± 3.0	#1 200	13.0 ± 1.0	9.5 ± 0.8
#320	46.0 ± 2.5	40.0 ± 2.5	#1 500	10.5 ± 1.0	8.0 ± 0.6
#360	40.0 ± 2.0	35.0 ± 2.0	#2 000	8.5 ± 0.7	6.7 ± 0.6
#400	34.0 ± 2.0	30.0 ± 2.0	#2 500	7.0 ± 0.7	5.5 ± 0.5
#500	28.0 ± 2.0	25.0 ± 2.0	#3 000	5.7 ± 0.5	4.0 ± 0.5
#600	24.0 ± 1.5	20.0 ± 1.5	#4 000	規定なし	3.0 ± 0.4
#700	21.0 ± 1.3	17.0 ± 1.3	#6 000	規定なし	2.0 ± 0.4
#800	18.0 ± 1.0	14.0 ± 1.0	#8 000	規定なし	1.2 ± 0.3

7.2 研 削 加 工

砥粒加工のうち，もっとも加工能率が高い加工が**研削加工**（grinding）である。研削において砥粒はばらばらの粒子ではなく，あらかじめ**結合剤**（bond, binder）によって固化した状態にした**砥石**（grinding wheel）を高速で回転させ，**被加工材料**（work material）にこすりつけることによって除去加工が進行する。平面研削加工作業を観察すると，材料に回転する砥石が接触するたびに接線方向に火花が飛散する様子をみることができる。これは，砥石に含まれている微細な砥粒が材料表面を引っかき，その際に発生した高温の切りくずが酸化発熱しながら飛散しているためである。ここでは，研削に用いる砥石の構造，研削における加工メカニズム，研削作業の種類について説明していく。

7.2.1 研 削 用 砥 石

先に述べたように，研削では高速で回転する砥石によって加工を行う。砥石の構造を模式的に**図7.4**に示す。図で，微細な**砥粒**（abrasive）を固定するための結合剤には，

① ガラス質のもの（**ビトリファイド砥石**），
② 熱硬化性樹脂を用いるもの（**レジノイド砥石**），

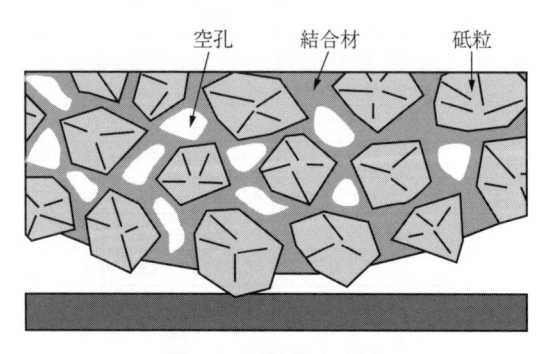

図7.4 研削砥石の構造

③ 金属を用いるもの（メタルボンド砥石），などがある。

　また，砥石には後述するように切りくずの排出性や自生作用を促進させるため，**空孔（void）** を導入している。**砥粒**の種類や粒度および**結合剤**の種類や結合力，そして**空孔**の量は砥石の性能を決定付けることから**砥石の3要素**と呼ばれる。砥石を選択する際にはこれらの要素の組合せを指定する必要がある。JISにはこれらの要素を数値化または記号化して表示する方法が規定されているので，その方法を以下に示す。

●**普通砥石の表示例**（結合研削材といし——一般的要求事項 JIS R6242：2006）

W A 60 K m V

左から砥粒の材種，粒度（粗粒 #4 ～ #220，微粒 #240 ～ 8 000），砥粒の結合度（極軟：A ～ G，軟：H ～ K，中：L ～ O，硬：P ～ S，極硬：T ～ Z），組織（砥石中の砥粒の体積率，密：f（50％以上），中：m（40 ～ 50％），疎：c（40％以下）），結合剤（ビトリファイド：V，レジノイド：B，メタル：M）

砥石メーカーのカタログは基本的にJISに準拠した記号が用いられているが，メーカー独自の指標を用いている場合もみられるので注意が必要である。

7.2.2 研削の加工メカニズム

　切削工具はあらかじめ工具形状や工作機械への取り付け方法を設定することによって，すくい角や逃げ角を任意に与えることが可能である。それに対して研削においては，砥石表面の無数の微細な砥粒の形状や（結合剤によって固定される）方向をすべて制御するのは不可能である。砥石表面の砥粒の中にはかなり大きな負のすくい角となって材料表面を引っかくだけのものから，鋭利な面をもち材料表面から効果的に除去加工を行うものもあると想像される。そして，1個の砥粒が行う材料除去量はきわめてわずかであるが，砥石中には大量の砥粒が含まれていること，また高速で材料をこすることによって，砥石が材料に接触する面全体として高い均一性をもった加工が可能となる。

ところが，切削においても切削工具が摩耗して切削性能が低下するのと同様に，研削砥石についても研削加工時間が長くなると研削性能が低下する。そのおもな理由は

① 砥粒の摩耗によって砥石表面が平滑になり引っかきが発生しなくなって加工性能が低下する（**目つぶれ**），

② 砥石表面に切りくずが付着し，砥粒の突起が埋没し，加工性能が低下する（**目づまり**），が考えられる（**図7.5**）。

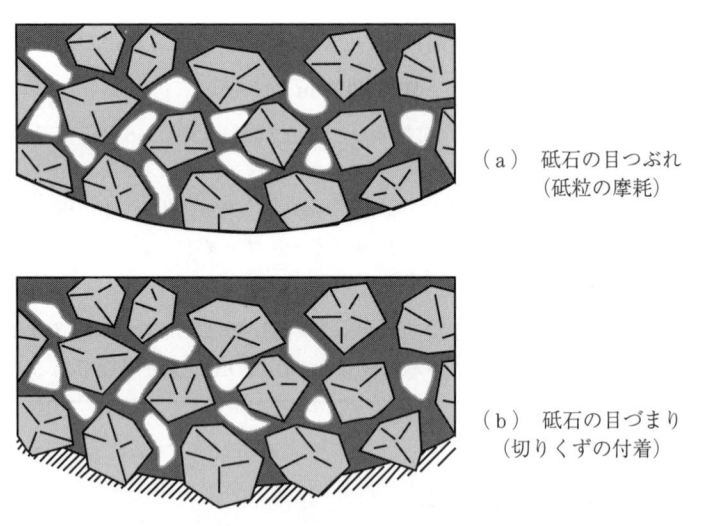

（a） 砥石の目つぶれ
（砥粒の摩耗）

（b） 砥石の目づまり
（切りくずの付着）

図7.5 研削砥石の切れ味低下

このため，研削砥石において空孔を設けて砥粒の結合力をあえて低下させることによって，研削加工中に摩耗した砥粒が砥石表面から脱落するような効果（**砥石の自生作用**）を与え，定期的に砥石表面をドレッサと呼ばれる工具を用いて加工することによって，摩耗した砥粒や目づまりした層を除去する**ドレッシング**（dressing）を行う。砥石に不均一な摩耗が生じて砥石形状が変化するなどの問題が生じた場合には，**ツルーイング**（truing）と呼ばれる砥石形状の修正を行う。

研削加工による加工精度を向上させるためには砥粒の脱落が少なく，砥石形状の変化が少ない砥石を選択するとよいと思われるが，そのような砥石は目づまりしやすく，頻繁なドレッシングが必要となって加工効率（生産性）が低下する。逆に，自生作用が強く働く砥石ではドレッシング不要で長時間にわたって良好な研削加工を実施できる代わりに，工具形状がつねに変化（例えば，砥石外径が減少）するために，加工精度を向上させることが難しくなる。したがって，研削加工の加工精度と生産性とを両立させるためには，前述の砥石の3要素をうまくバランスさせることが必要であることがわかる。

最近のレジノイド cBN 砥石の中には使用中の研削性能低下が少なくドレッシング不要，かつ砥石の摩耗が少ないものも登場しており，今後とも技術革新が期待される分野である。以上で述べたような研削加工は，一般的に前もって素材に対して切削加工により荒加工および中加工を行った後で仕上げ加工として実施される。これは，切削と比較して研削は単位時間当りの材料除去量が小さく，すべての除去加工を研削加工で行うと加工時間が長くなり生産性が低下するためである。

7.2.3 平面研削加工

代表的な平面研削盤の例を図 **7.6** に示す。平面研削加工は工作機械における並進運動を実現するための直線案内部の仕上げ加工で用いられるほか（図 **7.7**），自動車用エンジンのシリンダとシリンダヘッドの合わせ部分，各種ジグや金型の加工でも欠くことのできない重要な加工工程である。

前述のように切削によって平面加工を行う場合は，ワークに対して大径の正面フライスカッタを用いて加工面全体を一度に加工する方法が多用されている一方で，伝統的に平削りや形削りのように加工面積が小さい（工具の幅に限定される）工具を用い，被削材の相対運動によって加工面全体の除去加工を行う方法がある。研削加工においても基本的な考え方は切削とまったく同じで，エンジン部品用専用加工機のように短時間で加工する必要がある場合には総型回転砥石を用い，加工したい平面に平行な回転軸で砥石を回転させて被加工材料

7. 研削加工および砥粒加工

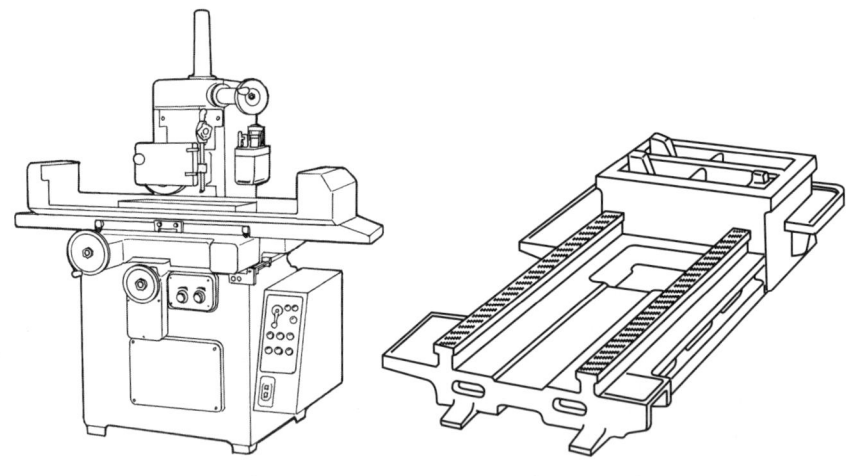

図7.6 平面研削盤

図7.7 平面研削された工作機械ベッドの案内面

に押し当てた状態で，砥石の周速方向に被削材を運動（**図7.8**のV_p方向）させて（**プランジ研削**）除去加工を行う。

一方，一般の機械工場のように多品種少量生産を行う現場においては幅が狭い回転砥石を用い，プランジ研削に加えて被加工材料（または砥石軸）を砥石回転軸に対して直交に運動（図7.8のV_r方向）させる（**トラバース研削**）ことで広い面積の平面加工を行う。

総型回転砥石を用いた加工では，加工時間が短縮される反面，専用の大形工作機械と砥石が必要で設備コストが高くなる欠点がある。幅の狭い回転砥石を用いた加工では，加工時間が長い反面，汎用の装置および砥石によって低コス

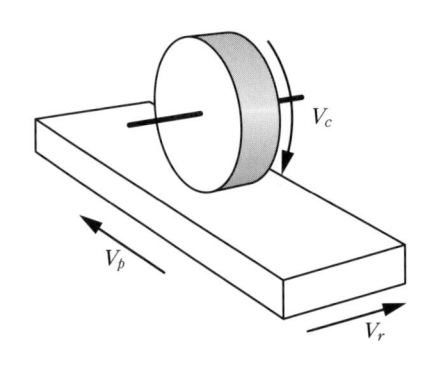

図7.8 平面研削盤による加工

トで加工が実施できるメリットがある。

研削加工の加工精度および加工面粗さは切削と比較して格段に高く，目標寸法に対して精度 $1\,\mu m$ 以下の除去加工が可能である。このような高精度加工では，工作機械に被加工材料を取り付ける場合にバイスなどの機械的締結を用いると，締結による被加工材料の弾性変形の影響を無視することができない。したがって，平面研削盤においてはフライス盤やマシニングセンタのようなバイスの代わりに，磁性を利用して鉄鋼材料を固定するマグネットチャックを用いる。

アルミニウム合金やオーステナイト系ステンレス鋼のような非磁性材料の研削加工を実施する場合には，マグネットチャックの代わりに大気圧によって材料を固定する真空チャックなどの特殊な装置が必要となるため，機械設計の際に研削仕上げを必要とする部分の材料の選択に注意する必要がある。

7.2.4 円筒研削加工

円筒研削盤（**図7.9**）とその加工原理を**図7.10**に示す。円筒研削は，多くの機械で用いられている回転軸などの摺動面の精密仕上げ加工に適用される。例えば，自動車用エンジン部品のクランクシャフトやカムシャフトのジャーナル軸受部や軸受メタル部品，ベアリング部品をはじめ，摺動や転動する機械部品の切削加工後の表面仕上げのために円筒研削加工が施されている（**図7.11**）。

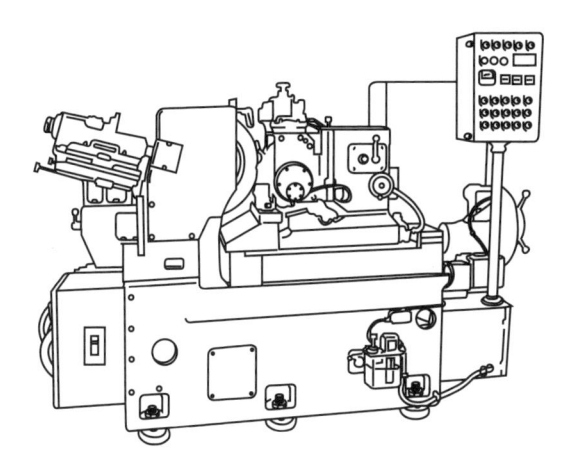

図7.9　円筒研削盤

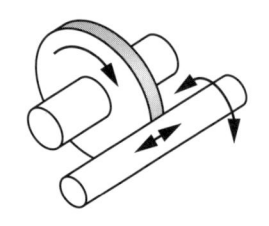

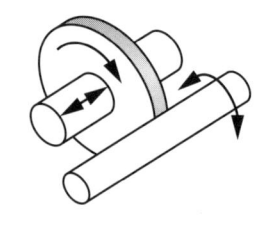

(a) ワーク移動トラバース型　　（b）砥石台移動トラバース型　　（c）プランジ型

図7.10　円筒研削盤による加工原理

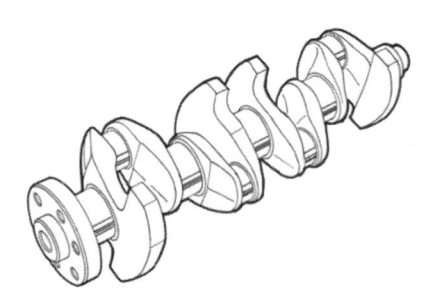

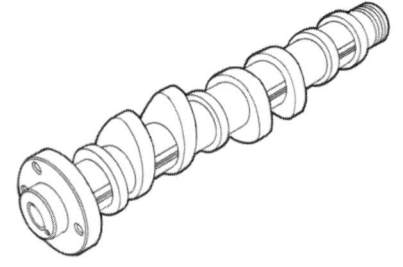

（カム部は別途カム研削加工を行う）

（a）エンジン用クランクシャフト　　　　（b）エンジン用カムシャフト

図7.11　ジャーナル軸受部の円筒研削加工

円筒研削加工は円筒面の外周および内周のいずれにも行われ，平面研削加工と同様にプランジ研削とトラバース研削が行われる。また，単純円筒面以外の溝加工やテーパ面の加工も行われる。また生産現場は，**図7.12**に示すような

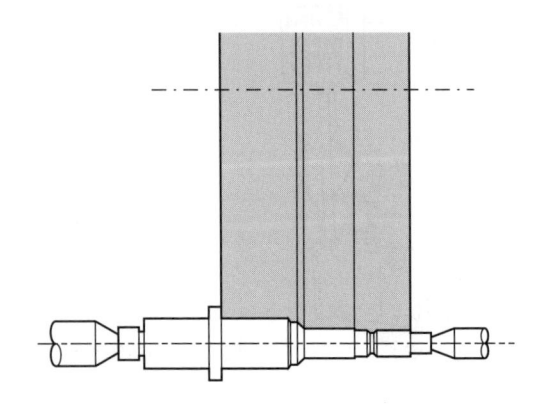

図7.12　総形砥石による加工

あらかじめ加工形状に対応した形状をもつ総形砥石による高速研削加工も行われる。

円筒研削特有の加工方法として，**センタレス研削加工（心なし研削加工）**が挙げられる図 **7.13**。これは，通常の研削加工では被加工材料を工作機械に確実に固定する（チャッキング）必要があるのに対して，被加工材料を回転する砥石および支持車によって保持しながら加工するもので，被加工材料の研削盤への取り付け時間や，加工後の材料を取り外すための時間を省略できるため生産性が高いほか，被加工材料の弾性変形の影響が原理的にないことから高精度加工が可能であるなどの特徴がある。

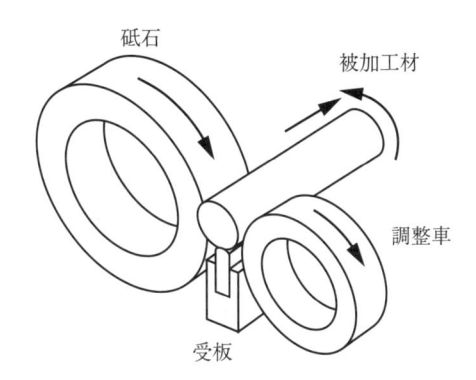

図 7.13　センタレス研削の原理

7.2.5　研削クーラント

研削加工は周速が大きいことから加工能率が高い半面，加工部の発熱が大きいことや，被加工材料の熱膨張による加工精度低下への影響が懸念されるため，通常大量の**クーラント**を加工点に供給し，加工点の潤滑による砥石摩耗の防止および冷却による被加工材料の熱膨張の防止を図る。

クーラントの種類は切削用のクーラントと同様，水溶性クーラント（エマルション，ソリューブル，ソリューション）などが適宜用いられている。通常，研削盤にはクーラントタンクが装備され，クーラントはポンプによって循環するようになっている。加工点に供給されたクーラントには加工くずのほかに脱

落した砥粒，結合剤などが混入し，これらの不純物は加工品質に悪影響を与えるおそれがあるため，クーラントタンクには磁気を用いて鉄鋼材料のような磁性を有する加工くずを回収する機構や（マグネットセパレータ），沈殿槽を設けて砥粒などの比較的質量が大きな粒子を回収するようになっている。

近年では，**生産工場のゼロエミッション化**の観点から，さまざまな製造工程において排出される廃棄物の削減が課題となっており，研削時に排出される研削スラッジの適切な処理方法の開発が急務となっている。また，工具メーカーのように多くの研削盤を使用する工場では，クーラント循環を個別の工作機械で行う代わりに，工場単位でクーラントの循環およびクーラント中のコンタミネーション（不純物）を回収するための大規模なシステムを構築しているところがある。

そこでは，クーラントを数段階に分けて強力な遠心分離機にかけ，さらにフィルタを使用することによって効果的な油分，固形分の除去および回収を実現しているものもある。

7.2.6　実際の研削加工作業における注意

研削加工では切削とは異なり，切込みはおおむね砥粒の粒径以下であり微小な値となる。例えば，＃240番の砥粒（平均粒径 $60\,\mu\mathrm{m}$）を用いた砥石による研削では切込みは $10\,\mu\mathrm{m}$ 程度に設定される。このように切込み量が微小なため，加工中の工作機械や被加工材料，砥石の弾性変形の影響が切削と比較して大きくなる。このため，砥石が被加工材料上を一度通過して除去加工が行われたのにもかかわらず，2回目以降の通過の際に弾性回復によって微小な切込みが発生するため切りくずの火花が出続け，繰返し回数の増加とともに火花が消失する現象がみられる。このような現象を**スパークアウト**（spark out）と呼び，実際の研削加工において加工精度を高めるために適用される。

砥石の摩耗や不適切な研削条件によって被加工材料表面が変質し，仕上げ面に悪影響を与える場合がある。代表的な加工変質にはつぎの三つのようなものがある。

① **研削焼け**（grinding burn）　研削において被加工材料表面が高温となり表面が酸化することで変色を起こす現象のこと。

② **残留応力**（residual stress）　研削加工中に材料内部に残留応力が発生すると，研削加工後に被加工材料を研削盤から取り外した後で材料の変形を起こすなどの影響が出る場合がある。

③ **研削割れ**（grinding crack）　研削時に砥石表面の砥粒が材料を擦過する際には高温となり，その後クーラントによって急冷されることによって熱応力によって微小な割れが発生する。このような微小割れは金属材料の疲労強度を著しく低下させるため注意が必要である。

一般的な平面研削盤では主軸回転数は 2 500 rpm 程度である。これは例えば直径 200 mm の砥石を用いた場合の周速が 1 500 m/min を超えることを意味しており，研削加工中の砥石には強い遠心力が作用している。仮に，砥石にクラック等の欠陥があると砥石回転中に砥石が**爆発的に破壊**して大きな事故になる恐れがある。このため，運搬や取付け時に不用意に大きな衝撃を与えないように研削砥石の取扱いには十分注意しなければならない。

生産現場で熟練技能者は，砥石の交換の際に砥石を軽く叩いた際の音でクラックがないことを入念に確認するほか，研削加工中には研削砥石の半径方向に立たないようにする等の，細心の注意を払うべきである。また，高速回転工具では回転中心と工具重心のずれによって（回転バランスのずれ）工作機械に大きな振動を発生させることがある。このような振動は工作物の表面品位の劣化のほか，工具や工作機械破損の原因となるため，砥石を研削盤に取り付ける際にはバランスウェイトを調整して静バランスを調整しなければならない。

このように研削盤の砥石交換には高度な技能や知識が必要であり，**労働安全衛生法**（労安衛法）[†] によって，本作業を行う作業者には特別教育の受講が義務付けられているので注意が必要である。

---

† 労働安全衛生法 第五章 機械等並びに危険物及び有害物に関する規制，第 26 条および 36 条。

7.3 砥 粒 加 工

　研削加工が砥粒を結合剤によって固めた砥石を利用して除去加工を行うのに対して，砥粒加工とは砥粒を固定せず材料表面に一定の力で押し当てることによって被加工材料の表面を研磨する方法であり，遊離砥粒加工ともいわれる。研削加工は研削盤を用いて切削加工同様に研削砥石を材料に対してどれだけの切込みを与えるかを強制的（機械的に）に規定するため，加工量（材料除去量）が一定値になるのに対して，砥粒加工では砥粒による材料除去量は加工時間に比例すると考えられ，本加工法により高精度の加工を実現するためには高精度の寸法測定を併用する必要がある。

　圧力の印加は古来より手作業によるものが多く用いられ，特にブロックゲージ端面のようなきわめて高い精度を要求される部品の仕上げ加工は工作機械のみの加工によって行うことが困難であり，最終的に手作業による砥粒加工（**ラッピング**）が行われる。

　一般には，NCを用いた全自動加工のほうが人間による手作業よりも加工精度が高く，高品質というイメージがあるが，超精密加工の領域では手作業の方がむしろ加工精度が高いという一見矛盾した状況となる。これは，工作機械による加工において加工精度は「母性原理」によって工作機械自体の精度によって制限されるのに対して，手作業による砥粒加工にはこのような原理は作用せず，加工精度は測定精度と同程度まで高めることが可能であるためである。

7.3.1 ラッピング

　ラッピング（lapping）は水や油などで懸濁した遊離砥粒を被加工材料と**ラップ定盤**（じょうばん）と呼ばれる溝を入れた鋳鉄製の平面治具で挟み，材料と定盤を手作業，あるいは器械を用いて相対運動（すり合せ運動）させることによって材料

次頁の†　近代的な工業生産の黎明期において，H. Maudsley（1771〜1831）が三面すり合せ法により世界で初めて高精度定盤を製作したとされている。

表面が除去・研磨される工程で，例えば生産現場で用いられる定盤の製作[†]に用いられてきた。また，ディジタルカメラやスマートフォンのカメラなどに用いられる光学レンズのうち，小口径の樹脂製のものは金型を利用した安価な加工法が確立しているが，直径が大きなガラス製レンズの高精度加工には砥粒を用いたラッピングが行われている。また，半導体基板や液晶パネル用ガラスの平坦化加工に応用されるなど，現在でも重要な加工法の一つである。

ラッピングにおける加工原理には諸説があるが，材料表面で遊離砥粒が転がりながら材料を引っかく効果，それにラップ定盤表面に埋めこまれた砥粒が砥石と同様の作用で材料表面を削り取る効果の両方の効果に起因するとみられる。ラッピングは研削と比較してさらに加工精度および仕上げ面品位が高く，容易に鏡面が得られる。その反面，加工速度が研削と比較して遅い欠点があるため，ラッピングは被加工材料の研削加工面に対する仕上げ加工という位置付けで行われることが多い。

また，ラッピングでは砥粒，除去された被加工材料の切りくずが混じったスラッジ廃液の処理が問題となるため，近年では遊離砥粒による加工工程を削減し，研削砥石のような固定砥粒を使用した加工に移行する傾向がみられる。

7.3.2 ホーニング

ホーニング（horning）とは，ホーンと呼ばれる砥石を一定の力で円筒内面に押し当てながら，円筒面内を並進および回転運動を行う方法である（**図 7.14**）。遊離砥粒ではなく砥石を用いる点で研削加工に近いが，研削のように強制的な切込みを与えることなく加工を進行させるため，研削加工，あるいはボーリング加工された円筒内面の表面仕上げをさらに向上させることが可能である。

ホーニングは自動車をはじめとする内燃機関のシリンダの仕上げ加工に用いられる。これは，ホーニングによって加工精度や表面仕上げが向上する効果と，シリンダ内面にホーニング痕（クロスハッチ）と呼ばれる独特なテクスチャを形成することによって，表面に油膜を保持する機能を付与するためである。

平面図

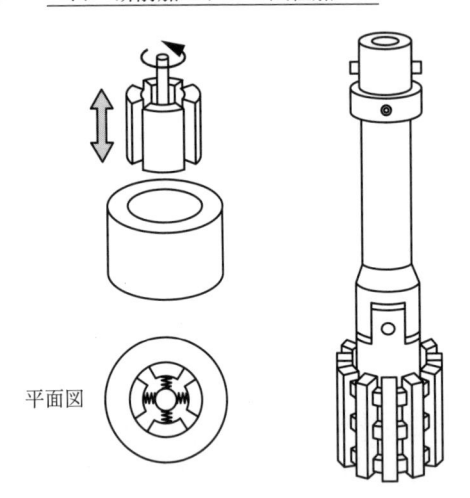

図7.14　ホーニング用工具

　また，ここで説明したホーニングとは異なる**液体ホーニング**という加工方法があり，これは水や油に砥粒を懸濁させ，高圧空気によって被加工材料表面に吹き付けることによって材料表面の研磨を行うものであり，後述するアブレイシブウォータジェット加工に近い加工方法である。

7.3.3　バ　フ　研　磨

　これまでに砥粒を用いて材料の除去加工を行い，材料に対して所定の形状や表面性状を得る方法について説明してきたが，ここでは金属表面を磨いて鏡面加工を行うための加工法である**バフ研磨**（buffing, polishing）について説明する。

　本方法は金属製食器の表面や，金管楽器の表面のように加工精度は問われないものの高い表面品位が求められる製品に適用される。バフ研磨は軟質のフェルトやウールなどの研磨用布に少量の砥粒（**遊離砥粒**）を付着させたもので被加工材料表面をこすり磨く工程である（バフに対して遊離砥粒の懸濁液を滴下する場合もある）。

　図7.15に示すバフ研磨工程例では，回転するバフに被加工材料を手作業で押し当てることによって研磨を行う。この際のバフの速度は十分遅く，また材料を磨く力も弱いのが普通である。バフ研磨では材料表面の砥粒径を超えるよ

うな大きな傷を除去することはできない。このため、バフ研磨では最初に比較的粒径が大きい砥粒を用いて荒加工を行い、徐々に粒径の小さい砥粒に切り替えて加工を進め、最終的に最も細かい砥粒による仕上げ加工を行う。

バフ研磨における加工原理には諸説あり、加工原理が完全に解明されたとはいえない状況である。また、本手法は現在においても砥粒やバフの種類の選定、加工方法に熟練作業者の加工ノウハウが必要とされる分野でもあり、完全なロボット化が困難な状況である。

図7.15 バフ研磨工程例

演習問題

【1】 研削加工と切削加工のそれぞれの特徴を比較しなさい。

【2】 研削砥石の3要素について説明しなさい。

【3】 自動車の構成部品の生産に研削加工が必要な理由について説明しなさい。

【4】 ゴムや木材などの軟質材料の研削方法について考察しなさい。

【5】 研削加工を切削加工に置換するために必要な技術について考察しなさい。

【6】 古代における勾玉の製作方法について具体的に考察しなさい。

【7】 金属製品の研磨加工をロボット化するのが困難な理由を考察しなさい。

8 超音波加工

工業技術としての超音波[1]研究は1918年フランスのランジュバン[2]による振動子の発明がその源といえる。また，超音波（ultrasonic）を使い，材料を加工する方法は1920年代にその基本原理[3]が構築され，その後，洗浄，接合など数多くの技術が開発されている。超音波を加工に利用する利点としては，金属，非鉄金属など広範囲な材料に対して適応が可能であること，さらに砥粒などを併用した場合，加工面でのバリ発生を回避でき，高い形状精度を得られるなど，加工技術における超音波の利用は重要な位置を占めている。

8.1 超音波振動原理

超音波発振器（ultrasonic generator）は，電力増幅部とそれを制御するコントロール部，周波数を制御する発振部，電源部で構成されている。この発振器で高電圧の電気的信号を機械的エネルギーに変換して，振動子へと伝えられる。この**振動子**[4]（ultrasonic transducer）には，チタン酸バリウム（$BaTiO_3$）などを使用する磁器材料形で電気ひずみ現象を利用する形式として，ニッケル，銅，コバルトなどの原料を焼結金属として利用する磁歪形などがある。

現在では，セラミックス材料を利用したピエゾ圧電素子が広く使われている。ピエゾ形では，電圧のオン・オフ制御を行う方式で数 μm のきわめて小さい伸縮幅を発生させて機械的振動を生み出している。しかし，加工が行われる工具ではより大きな振幅が必要となるため，工具と振動子の間にホーンと呼ばれる振幅増幅部がある。

このホーンには振動速度や機械的抵抗力の変成を行い，工具の放射振動面に

8.1 超音波振動原理

大きな振動エネルギーを高効率に与える働きをする。振幅増幅特性を高める方法[5]として幾つかのホーン形状が利用され,材料[6]としては黄銅,炭素鋼,ステンレス鋼,アルミニウム合金,チタン合金,モネルメタルなどがある。

広く用いられている指数関数形(エクスポネンシャル形状),円錐形(コニカル形状),段付き一様断面形(ステップ形状)のホーン形状を図8.1に示す。指数関数形ホーンは工具が取り付く細端面に加わる負荷が小さく,振動速度が大きな数値となり高い振動効率が得られ,図8.2で示すような応力と変位の状態を示す。

工具側の振動速度は,振動素子と接触する側面でのホーン面積を S_1,この

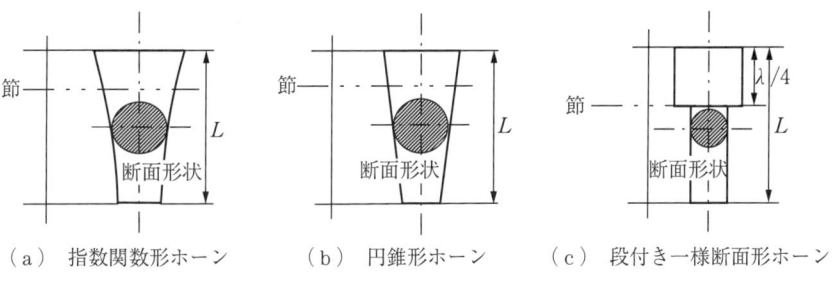

(a) 指数関数形ホーン　　(b) 円錐形ホーン　　(c) 段付き一様断面形ホーン

図 8.1　ホーン形状

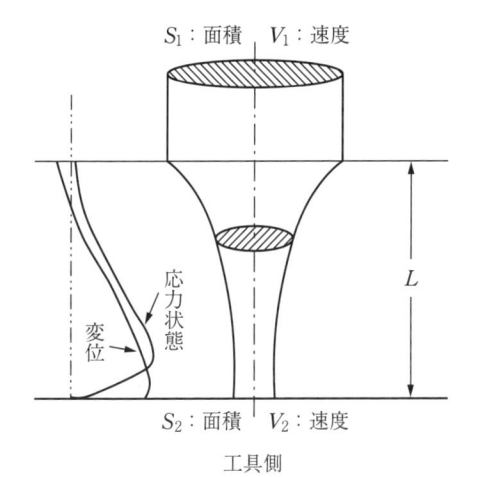

図 8.2　単純指数関数形ホーン

位置における入力振動速度を V_1,ホーン面積が最小となる工具接触側での面積を S_2,出力端面での振動速度を V_2 とした場合,振動速度比は式 (8.1) となる。

$$\frac{V_2}{V_1} = \sqrt{\frac{S_1}{S_2}} \tag{8.1}$$

8.2 超音波砥粒加工

超音波砥粒加工[4] (ultrasonic grain processing) の特徴は,工具と被加工材の間に回転移動などの大きな相対運動を起こさないため,図 **8.3** で示すような多様な精密加工が行える。加えて,加工ひずみが小さい,仕上げ面が良好,作業性に高い安全が得られるなどの利点が挙げられる。加工機械は,加工品を固

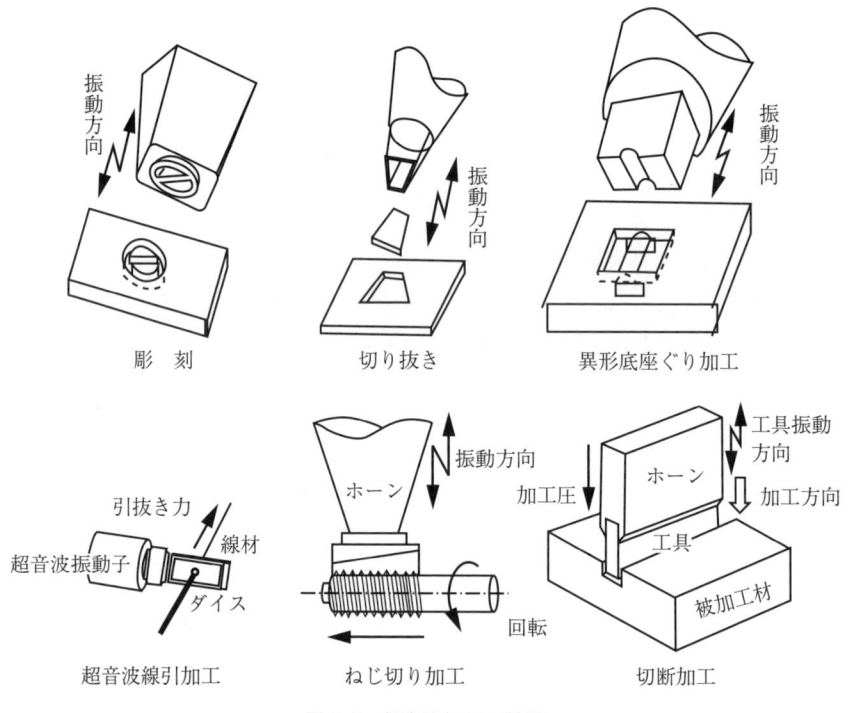

図 8.3 超音波加工の種類

定する作業台，超音波振動子部を固定支持する主軸部，超音波発振器装置，砥粒供給装置などで構成されている．また，工具は加工面と垂直に位置するように，作業台または主軸部に角度調整機構を備えている．

図8.4で示す加工装置を用い，工具に周波数15〜30 kHz，振幅10〜150 μmの範囲での振動を与える．その際，**表8.1**で示すような砥粒を使い，水または灯油などの加工液と混合したスラリー状の液体を介して，主軸部または作業台にある加圧装置で発生させ制御した最適な加工圧力で，工具を被加工材料と接触させる．

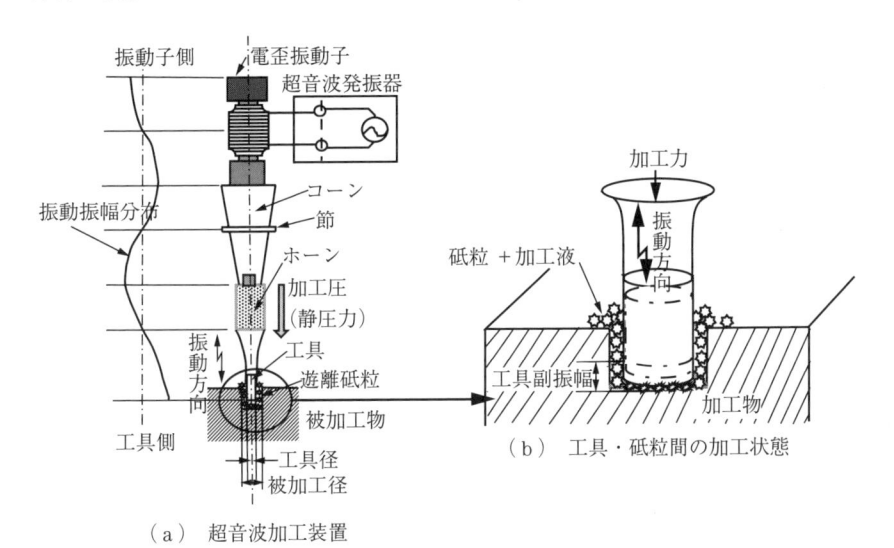

（a）超音波加工装置

（b）工具・砥粒間の加工状態

図8.4 超音波砥粒加工法

表8.1 砥粒子の種類

砥粒子	硬度（Hv）
ダイヤモンド	9 000 以上
立方晶窒化ホウ素（cBN）	5 000 程度
炭化ホウ素（B_4C）	2 900 程度
炭化ケイ素（SiC）	2 600 程度
酸化アルミナ（Al_2O_3）	2 100 程度

図8.5に加工圧と加工速度の関係を示す。加工時，工具は毎秒数万回の振動を受ける。遊離砥粒はこの運動エネルギーを受けて被加工材に衝突し，部分的な破砕作用を起こす。振動1回当たりの破砕量は小さくても，繰返しの積重ねにより実用的な加工が可能で，しかも1回の衝撃時間が短いことで被加工面の加工ひずみは小さくなる。仕上げ面粗さは，使用する砥粒径とほぼ比例の関係が成り立ち，粒子径が小さいほど仕上げ面粗さは小さくなる。

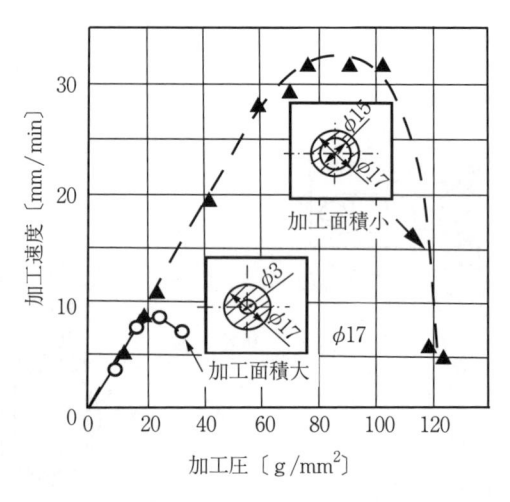

図8.5 加工圧と加工速度

例えば，超硬合金の場合，仕上げ面粗さは砥粒径の1/50程度となり，条件設定によっては，鏡面に近い加工も可能となる。一方，工具は砥粒による損耗を考慮して用いる砥粒寸法だけ小さく作る必要があり，流入した砥粒層の厚みが砥粒子1層で構成される加工状態を作る必要性がある。しかしながら，工具が上下振動以外に，左右にも振動する複合振動の状態下で，砥粒が工具と加工材との間隔に流入するため，工具径と加工深さとのアスペクト比が大きくなる深穴加工などでは，工具先端部の摩耗増加により先細りのテーパ形状となりやすい。

一般的に加工誤差範囲は±0.02 mm程度で，使用する砥粒径の均一性や定期的な工具交換など，管理体制を厳しく保ち，加工形状精度を維持することが

必要不可欠である。

　このように超音波砥粒加工には優れた点が多くある中，検討すべき事項もある。特に加工速度が効率的な加工を左右する要因と捉えた場合，工具振動周波数と振幅，砥粒の種類と粒度，加工圧と加工面積などの関係を的確に把握して加工条件を設定することが重要となる。

　図 8.6 に加工工具面積と加工速度および加工量の関係を示す。この加工では，液媒体で起きるキャビテーションによる浸食作用も働くが，その効果はき

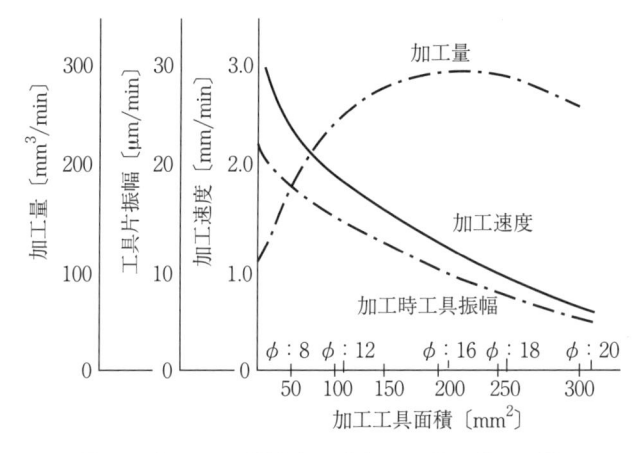

図 8.6 加工工具面積と加工速度および加工量の関係

表 8.2 各種材料による加工特性

加工材質	加工速度 〔mm/min〕	加工比 〔加工深さ/工具摩耗〕	加工圧 〔g/mm^2〕	砥　粒
ガラス	6	150〜250	30〜50	＃320
フェライト	6.5	90〜130	80〜150	＃320
シリコン単結晶	3.5	200	230	＃320
超硬合金	0.2	2	330	＃320
窒化ケイ素	0.6	2		＃280
S55C（HRC46）	0.4	1.4	400	＃250〜280
SKH3（HRC60）	0.26	0.7	150〜200	＃280
SUS304	0.3	1.6	250〜280	＃250〜280

わめて小さく，両者を比較した場合，全加工量の9割以上が砥粒による作用で占めている。**表8.2**に各種材料に対する加工特性を示す。

8.3 超音波研削加工

超音波研削加工[7]（ultrasonic grinding）での砥石に作用する抵抗力について立軸形，横軸形を**図8.7**に示す。それぞれの形式における研削抵抗力を作用方向に対して成分分解する。砥石の接線方向の抵抗力を主分力，砥石に対する法線方向からの抵抗力を背分力，砥石の厚み方向へ作用する抵抗力を送り分力とする。この場合，3分力中，背分力が最も大きくなる。したがって，超音波研削加工では加工除去率を高めるのに有効な背分力方向からの振動を付与する方式が用いられることが多い。

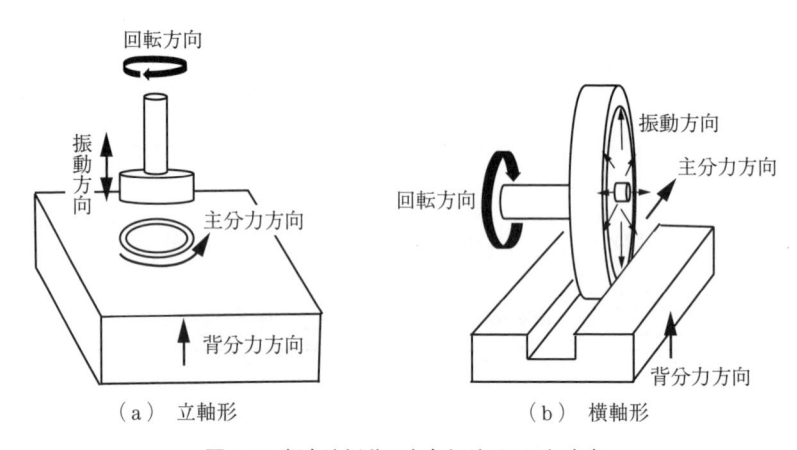

（a）立軸形　　　　　　　　（b）横軸形

図8.7 超音波振動の方向と砥石の回転方向

砥石の回転運動による削り作用に付与した振動によって発生する衝撃加工力が重畳する状態となり，加工力が増加する。加えて，砥石の機能を再生する砥粒子の**自生作用**（self-dressing）効果が高まる。

また，振動は加工面と砥石との接触面の間に微小なすきまが作られ，研削液の侵入性や切りくずの排出性を高める効果が働き，同時に工具摩耗の増加を抑

え，研削抵抗力を低減させて加工除去率を向上させる働きがある。

図8.8に，一般的な研削加工と比べた超音波研削加工の砥石周速度と除去速度の関係を示す。また，**図8.9**に立軸形の超音波研削加工機の機構を示す。

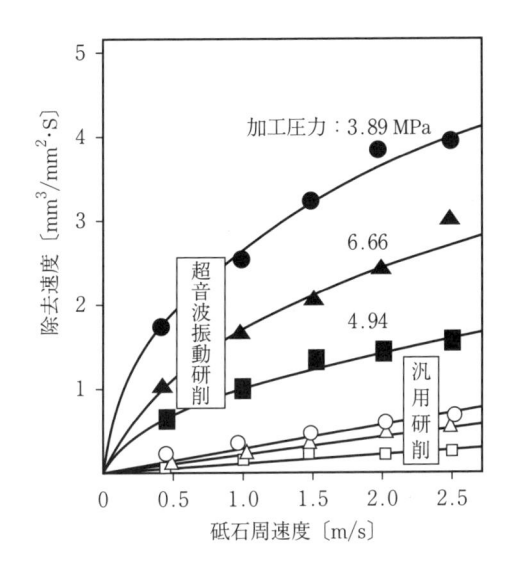

図8.8 超音波研削加工の砥石周速度と除去速度

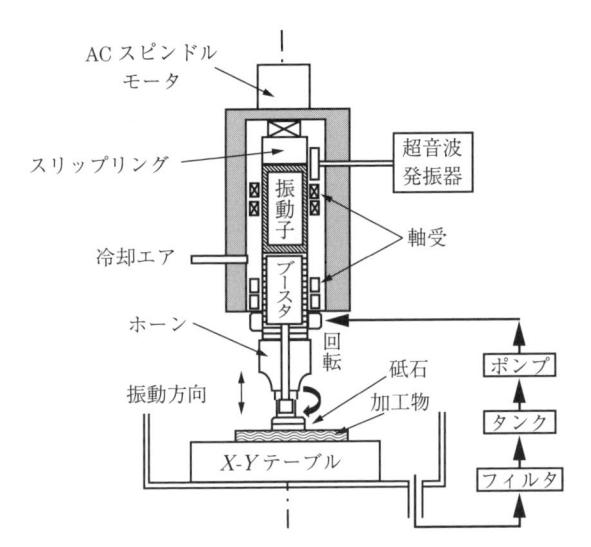

図8.9 超音波研削加工装置の機構

8.4 超音波切削加工

超音波切削加工[10]（ultrasonic metal cutting）は，工具の切れ刃と被削材が接触している切削状態で，きわめて短い時間で空間を作りながら切削する方法である。図 8.10 に示すような超音波振動装置を刃物台に取り付けて加工を行う。超音波振動は図 8.11 に示すように材料の半径方向，すなわち切込み方向

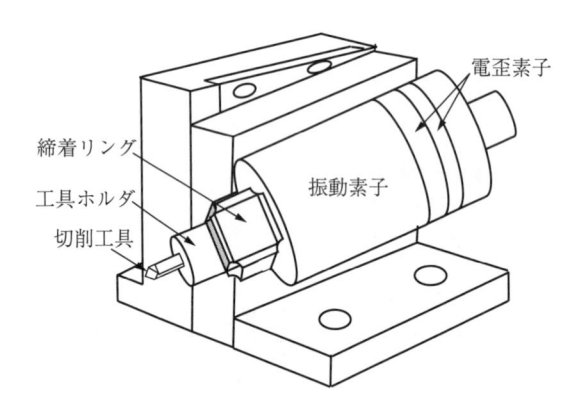

図 8.10 超音波振動切削装置

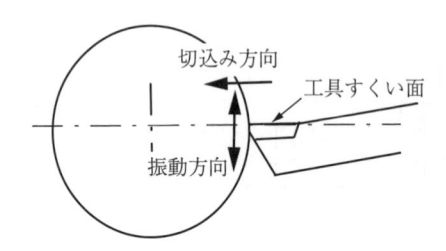

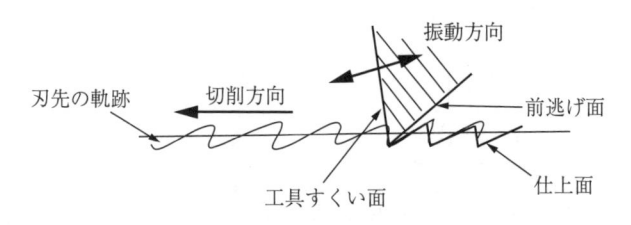

図 8.11 刃先の振動状態

となる工具軸方向に対して付与することで，工具の刃先は前後の移動動作が起きる．

このため，刃先は工作物を削っては後退する切削状態が繰り返される．工具が後退する瞬間に切削油剤の回り込み作用が働き，潤滑効果と冷却効果が促進される．この効果により，工具のすくい面や工具逃げ面での切削抵抗が減少し，摩耗の抑制と切削加工温度の上昇を抑えることができ，工具寿命が長くなる．また，切削加工温度をきわめて低く抑えられるため，熱的要因によるひずみがほとんどなく，加工変質層ができにくい特徴をもつ．

一方，問題点としては高硬度材料に対しては工具切れ刃にチッピングが発生しやすく，付与する超音波の振動速度に限界があるため，最大切削速度の制約を受ける．

8.5 応用加工技術

超音波を利用した加工法[4),8),9),11)]として，**超音波破砕加工**（ultrasonic crush processing），**超音波接合加工**（ultrasonic welding），**超音波塑性加工**（ultrasonic metal forming），など多くの方法が開発されている．これらの加工法を**図8.12**に示す．この加工法に共通する特徴としては，超音波振動を付与することで，加工力を低減させ摩擦係数を低下させるなどの効果を生み，仕上げ面性状の高品位化や高い加工効率が得られる．

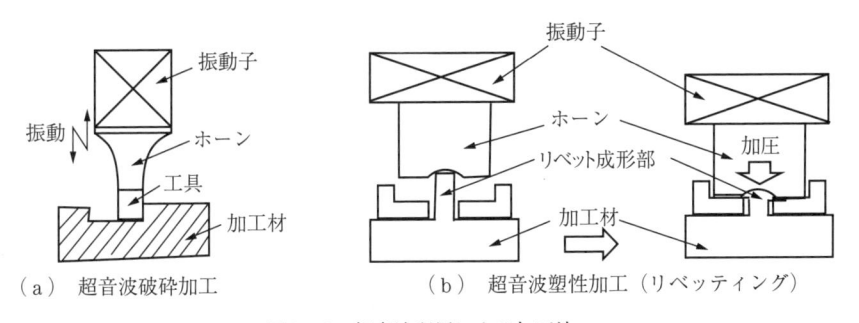

（a）超音波破砕加工　　　　　（b）超音波塑性加工（リベッティング）

図8.12 超音波利用による加工法

8. 超音波加工

（c）超音波接合加工
　　　（ショット接着）

（d）スウェージング加工

（e）超音波深絞り加工

図 8.12　（つづき）

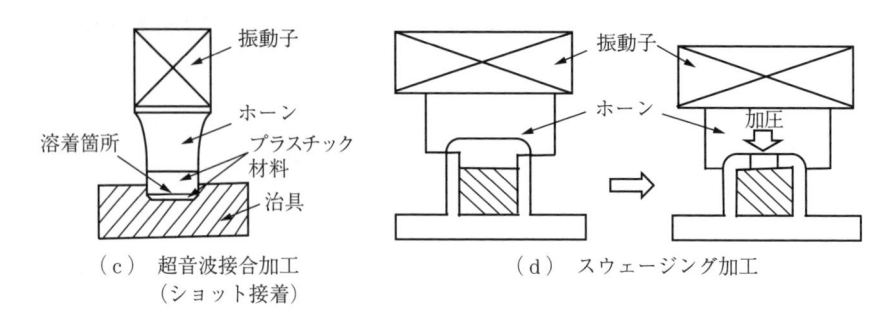

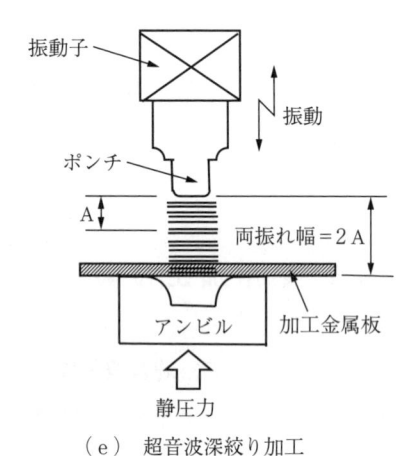

演 習 問 題

【1】超音波砥粒加工で使用する砥粒子の大きさが，仕上げ面粗さとどのような関係が成り立つのか説明しなさい。

【2】研削加工に超音波を利用する意義を説明しなさい。

【3】超音波切削加工で超音波が作用する効果について説明しなさい。

9 非接触加工

これまで説明してきたように，切削加工や研削では被加工材料に対して直接工具や砥粒を接触させ，力学的な作用によって材料の除去加工を行う。これらの加工を実施するためにはフライス盤やボール盤，研削盤のように工具軸に回転運動を与える。また旋盤のように材料に回転運動を与えるために電気エネルギーを回転の運動エネルギーに変換する装置，すなわちモータを利用する。したがって，機械加工も電気エネルギーを利用する加工であるが，一般的にはこれらの加工を電気加工とは呼ばない。

ここでは切削や研削とはまったく加工原理が異なり，工具と材料が直接接触することなく電気エネルギーや光エネルギー，化学エネルギーなどの各種エネルギーによって直接材料の除去加工を行う加工，いわゆる**特殊加工**（non-traditional machining, non-conventional machining）について説明する。「特殊」という名称からは想像しにくいが，これらの加工はすでにかなり一般化しており，多くの製造現場で実生産のために広く用いられている。

9.1 放 電 加 工

9.1.1 放電加工の概要

放電加工（electrical discharge machining）のうち，ここでは電気エネルギー加工の代表的な方法である**型彫放電加工**（die sinking electric discharge machining, EDM）および**ワイヤ放電加工**（wire electrical discharge machining）ついて説明する。放電加工同様，電気エネルギーを材料に直接作用させる加工の例としては，例えば建築現場や生産現場で多用される**アーク溶接**（arc welding）がある。アーク溶接では材料と溶接トーチとの間で大電流の**アーク**

放電（arc discharge）を発生させ，放電により発生する熱エネルギーによって金属材料を溶融させ溶接を行う。

このような方法は金属材料の広い領域が加熱・溶融されるため，機械工作に求められる精密加工を実現することは不可能である。その一方で微小な放電現象として，例えば冬季の乾燥した気候で衣服を擦過すると静電気が放電してパチッと音が出たり，金属製のドアノブなどに手を触れようとする際に蓄積した電荷が放電によってアースに逃れて軽いショックを感じることがあるような事例では，衣類や人体，ドアノブに物理的な変化はほとんどないように思われる。ここでは放電は局所的に発生するものの，電流量が小さく放電エネルギーが小さいために，アーク溶接のように材料溶融などの物理的変化に至らないものと考えられる。

これらの二つの現象の特徴をうまく組み合わせ，アーク溶接のような金属材料の溶融を静電気の放電のようにピンポイントかつ短時間で発生させることで単位除去量を微小にし，さらに加工領域全体で大量の微小アーク放電を発生させて加工面全体で均一な除去加工を実施すれば，複雑な形状を精密に加工することが可能となる。これが放電加工の基本的な原理である。

放電加工の原理は1940年代にロシアのラザレンコ夫妻（B. R. and N. I. Lazarenko）によって開発され，1950年代にスイスのAgie社およびCharmilles社が最初の型彫放電加工機の商品化を行うなど，切削加工と比較して新しい加工方法である。放電加工においては電極と被加工材料間にパルス状の電圧を印加する必要がある。ラザレンコらは電源としてRC回路（コンデンサ回路）を使用したが，現在ではより精密な電圧電流制御が可能なトランジスタ回路が開発されて多用されている。

放電加工は，主として切削加工や研削加工には不向きな形や材料の加工に適用される。例えば，ブロック状の材料に角の丸みがない矩形ポケットを加工する場合，エンドミルを用いた機械加工ではそれぞれの角部に工具直径および工具先端の丸み部分が転写されるため，矩形形状の角部（ピン角）を正確に加工するためにはきわめて細いエンドミルを用いる必要があり，加工の難易度がか

なり高くなる．また，このようなポケットに幅1mm程度，深さ数十mm程度のきわめて薄い壁を残すような場合，また直径が1mm未満，深さが数十mmあるような深穴加工をする場合，機械的な加工が困難である．

ここで示したような加工例は，射出成形などに用いられる各種の精密金型の加工において頻繁に必要とされる．これらの**特殊形状の精密加工**は放電加工が得意とする分野である．また，放電加工は歴史的に機械加工が困難な超硬材料や焼入れ鋼のような高硬度材料の精密加工を目的として開発されてきた．近年工具や工作機械技術の発達によって，高硬度材料の切削加工技術が急速に進歩しており，従来研削加工や放電加工を必要としていた加工の切削加工による置き換えが進行している．

放電加工はその加工形態によって工具形状を被加工材料に「転写」する**型彫放電加工**と，被加工材料を導電性のワイヤで「切断」する**ワイヤ放電加工**に大別される．ここではこれらの加工の原理について解説する．

9.1.2 型彫放電加工

電極材料を，あらかじめ機械加工等で製品形状を反転させた形状に加工しておく．この工具電極を用いて被加工材料の除去加工を行うことによって，工具

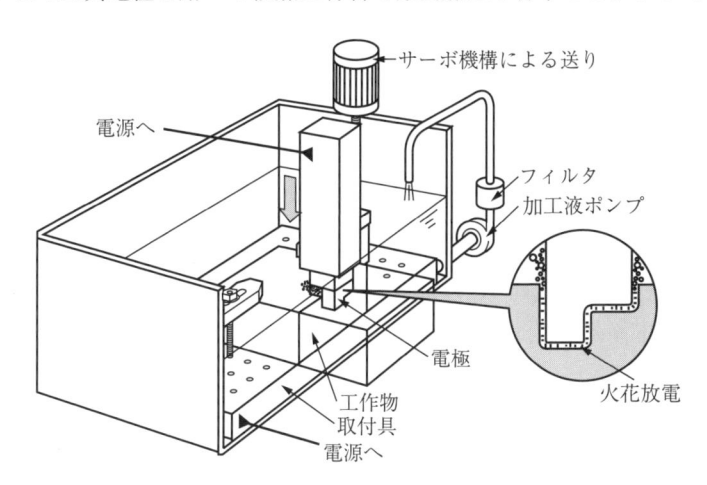

図9.1 型彫放電加工の概要

電極形状が非加工材料に転写する形で除去加工が進行する（**図9.1**）。

工具電極材料には銅やグラファイトなどが用いられている。型彫放電加工は一般的に絶縁体である灯油を主成分とした油系の加工液中で加工を行う。1回の微小放電（単発放電）による加工現象は，以下のプロセスを経るものと考えられている（**図9.2**）。

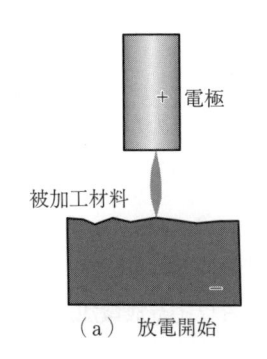

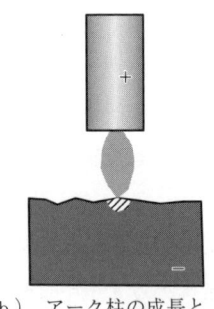

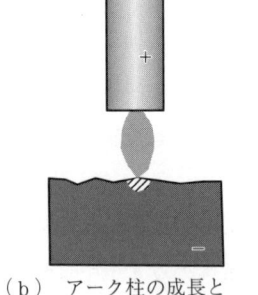

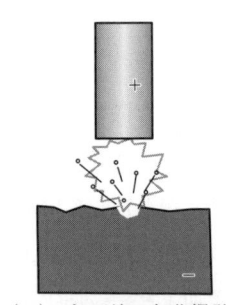

（a）放電開始　　（b）アーク柱の成長と被加工材料の温度上昇　　（c）加工液の気化爆発による溶融材料の除去

図9.2　放電加工の原理

（1）**放電開始**　　工具電極と非加工材料に放電電圧を印加すると，それぞれの距離が最も短い場所で絶縁破壊を起こして放電が開始する。

（2）**放電点の溶融**　　いったん放電が開始するとアーク放電柱が成長して被加工材料の狭い領域に大電流が流れるため，材料表面の一部が発熱して溶融する。

（3）**気化爆発**　　アーク放電のエネルギーは材料を加熱するだけではなく，アーク放電近傍の加工液を加熱するため，加工液の一部が爆発的に気化する。この衝撃力によって被加工材料表面の溶融金属が加工くずとなって飛散する。

このように，放電加工では材料除去が材料溶融によって行われるため，後述のように加工後の表面には有害な加工変質層が形成されるため，二次的な加工によって変質層を除去する必要がある。

（4）**絶縁回復**　　このまま電流を流し続けると，アーク放電が拡大し，材料の広い範囲が溶融してしまう。しかし，放電加工機では放電電流を数μsの

パルスで与えるため放電持続時間が短い。したがって，加工液の気化爆発後に放電電流が直ちに停止して，非加工材料や加工液の局所的な加熱部の温度が低下し，もとの絶縁状態に移行していく。そして，再び工具電極と被加工材料間に放電電圧を印加すると，今後は先の場所とは異なる場所で放電が発生することになる。

このような微小な単発放電の積重ねにより，徐々に非加工材料表面の除去加工が進行する。この際材料表面の除去に伴って工具電極と非加工材料の距離が長くなるため，放電が発生しにくくなる。そこでつねに放電電流が安定するように電極高さをサーボ制御することにより，ほぼ一定の速度の除去加工が可能となっている。

また，加工の際に排出される加工くずが放電電極と被加工材料間に堆積すると短絡などによる異常放電が発生するため，加工液噴流を加工部位に供給したり，電極を一定時間間隔で被加工材料から一定距離だけ離れるような動作を行って（ジャンプ動作）加工部位の加工くずを排出することによって放電の安定化を図っている。

最近の NC 放電加工機では加工中の電流値をモニタする機能や，加工パラメータ設定があらかじめ被加工材料の材質や形状によってプリセットされており，ユーザーが加工条件出しをする際の指針を与えるような高度な機能をもつ。

型彫放電加工には，複雑形状をプレス加工と同様に非加工材料全体を同時に加工していくという特徴がある。マシニングセンタによる複雑形状加工では，加工はあくまでもエンドミルなどの切削工具と被加工材料の接触点という限られた範囲でしか起こらないのに対して，型彫放電加工では放電による除去加工は加工面全体にほぼ均一に分散していると考えられるためである。

型彫放電加工の加工速度は切削加工に比べて格段に遅く，また加工に必要な電極をあらかじめ加工するための時間とコストも必要になる。このため，すべての形状を放電加工によって加工するのではなく，切削加工による荒加工後に放電加工による仕上げ加工を行うことが一般的である。この際，設計図面上に

は最終的な部品の形状しか記載されていないため，どのような加工方法をどのような順番でそれぞれどの程度行うかが，部品の生産性を決める重要なキーポイントとなる．

現在のところ，このような高度な作業を完全自動化することは困難で，熟練した工程設計者が勘と経験により部品や金型図面から切削の工程（荒加工，中加工，仕上げ加工）や放電加工（荒放電加工，仕上げ放電加工）の行程の設計をしているのが現状である．

前述のとおり，型彫放電加工では材料の溶融に伴って加工後の材料表面に，**白層**（white layer）と呼ばれる白っぽい脆性な加工変質層が形成される．白層にはしばしば微小な割れが存在することが多く，このままの状態では表面品位が悪いだけではなく，製品の疲労破壊の原因となる．そこで，型彫放電加工後の表面は研磨加工によって白層を除去する必要がある．この工程もすべて自動化することが難しく，熟練した作業者の手によって行われることが多い．

放電加工は非接触加工なので，切削工具のように力学的作用による工具摩耗は原理的に生じないはずであるが，実際の放電加工において工具電極の消耗がしばしば問題となる．工具電極表面は放電加工時のパルスアーク放電の熱や加工液の爆発気化にさらされるため，完全に電極消耗をなくすことは困難である．近年，放電回路の高度化などの技術開発が進み，放電電極の消耗が低減しており，被加工材料の加工精度や工具電極の寿命が飛躍的に改善されている．

9.1.3 ワイヤ放電加工

電気エネルギーを供給するためのエネルギーを導電性ワイヤによって供給する加工方法である（**図 9.3**）．この際，被加工材料は適切な張力を印加したワイヤの形状，すなわち直線的に除去される．これは，糸のこによる木材の切断や，加熱したニクロム線による発泡スチロールの切断と，加工形態が同様（ただし，加工速度はワイヤ放電加工が圧倒的に遅いことに注意）である．

型彫放電加工同様に放電電流サーボによって切断方向の送りが制御され，また加工形状はテーブルの NC 制御によって与えられる．さらに，加工中は放

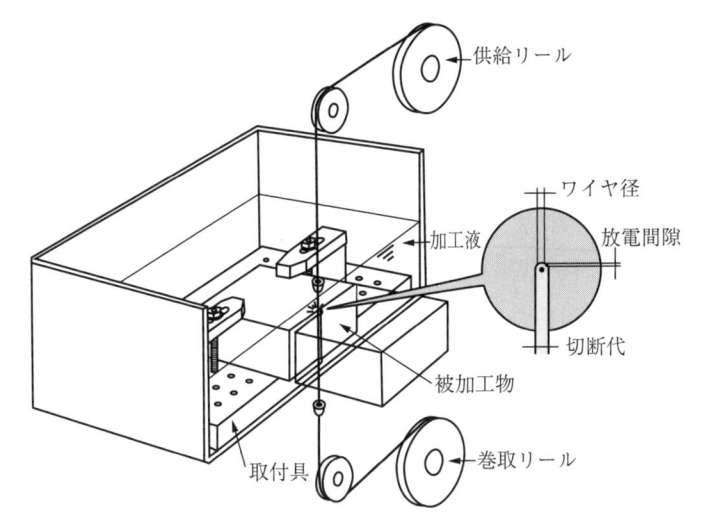

図 9.3 ワイヤ放電加工の概要

電による電極ワイヤの消耗の影響を減らすために，つねに新しいワイヤを供給しながら加工を行う．電極ワイヤとしては $\phi 0.1\,\mathrm{mm}$ から $\phi 0.3\,\mathrm{mm}$ 程度の黄銅製が一般的に用いられ，精密加工用には $\phi 0.05\,\mathrm{mm}$ 程度のタングステンワイヤが用いられる．また，加工液は型彫放電加工とは異なり水を使用することが多い．なお，ここで用いる水は水道水のようなミネラルや電解質成分を含む水は導電性があり使用することができないため，絶縁性の蒸留水や高純度精製水を使用する．

ワイヤ放電加工では，加工くずの除去のためにワイヤ供給部からポンプによって加圧した加工液噴流を上下両方向から供給する構造となっており，加工液圧力も加工パラメータの一つとなっている．電極ワイヤは細く，加工中の異常放電によって容易に断線するため，ワイヤの張力をはじめ加工条件の最適化が求められる．また，ワイヤ放電加工機の多くがワイヤの自動結線装置を装備しており，加工中にワイヤ断線が発生した場合でも自動的に加工が継続できるようになっている．

また，被加工材料端面からの加工ではワイヤを端面に近付けて加工を開始するのに対して，被加工材料の中央部を繰り抜くような加工を行う場合には，あ

らかじめワイヤを通すための穴を加工しておく必要がある．材料が薄い場合にはドリル加工などが適用可能であるが，厚い材料の場合にはワイヤ用の穴を開けるための専用の深穴放電加工機を用いる場合がある．さらに，このような加工を長時間無人で運転するために，ワイヤ穴を後述するアブレイシブジェットなどによって自動的に加工する**ハイブリッド加工機**も登場している．

ワイヤ放電加工機は基本的には板状の材料に対して二次元的な加工を行うものが主流であり，簡易的な二次元 CAD および CAM を用いて NC データを生成することによって，型彫放電加工のような電極加工が不要で CAD データから直接部品加工が可能である．

近年では電極ワイヤを傾斜させることによってテーパ形状や三次元形状のような高度な加工を実施できるような加工機も実用化されており，このような加工機を使用するためには，同時 5 軸制御マシニングセンタと同様，高度な三次元 CAD-CAM システムを用いた NC データの生成が不可欠である．

9.1.4 新しい放電加工応用事例

型彫放電加工やワイヤ放電加工が除去加工であるのに対して，放電を利用して被加工材料の表面に耐熱性や耐摩耗性，耐食性が高い機能性皮膜を成膜する，放電コーティング法が実用化されている．

本方法では，電極材料として金属やシリコンなどの粉末をわざと空孔を多く残して（ポーラスな状態で）成形し，この電極を用いて被加工材料との間でパルス放電を発生させる．すると，電極材料である粉末金属などが放電のエネルギーによって崩壊し，被加工材料表面に堆積する．その際に，放電のエネルギーによって被加工材料表面の溶融や化学反応が進行することによって，電極材料の金属などが傾斜的[†]に高い密着性をもって表面に付着する．放電条件次第では 0.1 mm 以上の厚いコーティング層を成膜可能であり，この場合は

[†] 一般的なコーティング技術では母材に対して異なる材料を付着させると界面で剥離を生じやすいのに対し，本手法では母材から表面に向かってコーティング材料の組成が徐々に変化させる（傾斜組成）ことが可能であり，剥離を生じにくいコーティングを実現している．

CVDやPVDのような薄膜コーティングよりも，溶射や肉盛り技術と比較すべき技術であるといえる。

　溶射とは，成膜したい金属やセラミックスの粉末を高温のプラズマガス中に噴射して被加工材料表面に噴射して付着させる方法であり，肉盛りとは，アーク溶接技術を応用して被加工材料表面に金属を付着させる方法である。いずれも被加工材料は，プラズマガスやアーク放電によって広範囲に加熱されるために熱ひずみによる変形の影響があるほか，局所的な成膜が困難であるという欠点がある。それに対して，放電コーティングでは被加工材料の全体の温度はほとんど上昇しないことから，薄い板上の材料であっても熱ひずみの影響が少なく，また電極形状を最適化することによって材料の任意の部位に自由にコーティングを行うことが可能である。

　さらに，放電加工は電気エネルギーを用いた加工であることから，従来は金属材料のような導電性の高い材料の除去加工へは可能であるものの，ファインセラミックスやダイヤモンドのような絶縁性材料の放電加工は不可能であるとされてきた。最近の研究開発によって，これらの絶縁性材料表面にあらかじめ導電性コーティングを施すことで放電加工が可能となってきた。ここでは，加工開始時には導電性コーティング膜と工具電極間でパルス放電が発生し（コーティング膜はただちに除去される），この際に発生する熱エネルギーによって油系加工液が分解して遊離炭素が発生し，これが加工面に付着して導電性が持続することによって放電加工が継続するとみられている。

　このほかにも放電加工を応用した鏡面加工やCFRPなどの新素材の加工など，つぎつぎに新しい加工法が提案されている。

9.2　電　解　加　工

電解加工の概要

　電解加工（electro chemical machining）は，本手法は被加工材料である金属を直接電解溶出させて除去加工を行う方法であり，放電加工とは加工メカニズ

ムがまったく異なる方法である。

　本加工は，加工液（導電性を付与するために塩化ナトリウムや硝酸ナトリウムのような電解質を溶解した電解液）中で被加工材料と加工形状を反転した形状に加工された工具電極を対向させ，電極を陰極（マイナス）として直流電流を印加することによって被加工材料表面の金属原子をイオン化して電解質中に溶出させ，そしてこれを除去することによって被加工材料に工具電極形状を転写させる（図9.4）。

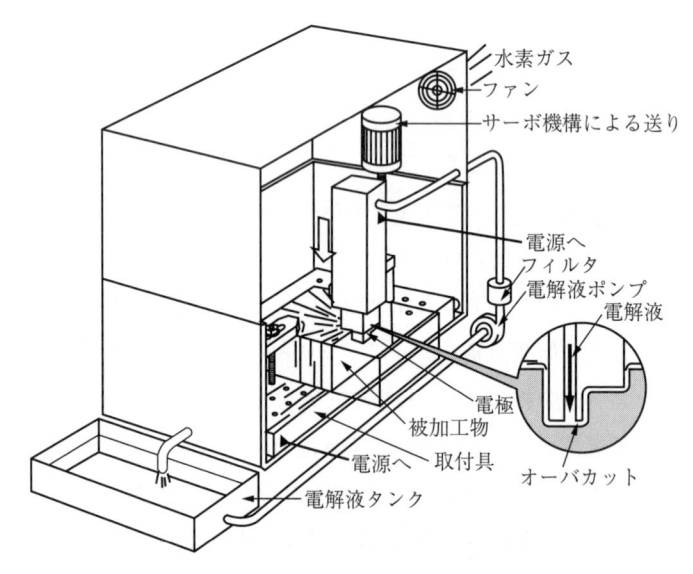

図9.4　電解加工の概要

　例えば，塩化ナトリウム水溶液中で鉄鋼材料を電解加工した場合，電極表面では以下のような電解反応が起こる。

$$（陽極）\quad Fe \to Fe^{2+} + 2e^- \tag{9.1}$$

$$（陰極）\quad 2Na^+ + 2H_2O + 2e^- \to 2NaOH + H_2 \uparrow \tag{9.2}$$

このように陰極では鉄原子は2価のイオンとして溶出する一方で，陽極では水素ガスが発生する。また，溶出した鉄イオンは塩化鉄（II）（$FeCl_2$）へ変化する。

$$Fe^{2+} + 2\,Cl^- \rightarrow FeCl_2 \tag{9.3}$$

さらに，陽極で発生した水酸化ナトリウム（NaOH）と反応して水溶性の水酸化鉄（Ⅱ）（$Fe(OH)_2$）へと変化する．

$$FeCl_2 + 2\,NaOH \rightarrow 2\,Na^+ + 2\,Cl^- + Fe(OH)_2 \tag{9.4}$$

以上の化学式を整理すると，電極における反応を以下のようにまとめられる．

$$Fe + 2\,H_2O \rightarrow Fe(OH)_2 + H_2 \uparrow \tag{9.5}$$

このように被加工材料の鉄が水酸化鉄（Ⅱ）として溶出する一方で，電解質であるNaClは電解反応によってまったく変化しないことがわかる．また，生成した水酸化鉄（Ⅱ）は電解液中の溶存酸素と化学反応を起こして，不水溶性の水酸化鉄（Ⅲ）へと変化してコロイドとなって沈殿し，加工くずとして回収される．

$$4\,Fe(OH)_2 + 2\,H_2O + O_2 \rightarrow 4\,Fe(OH)_3 \downarrow \tag{9.6}$$

式（9.1）よりわかるように，電解加工の除去加工量は電極と被加工材料間に流した電流量（電荷量）に比例し，高速かつ良好な仕上げ面の加工を行うために極間電圧 $5 \sim 20\,V$，電流密度 $30 \sim 200\,A/cm^2$ 程度の大電流を印加する．

電解加工法の利点としては，
① 被加工材料表面に加工変質がまったく起こらないこと
② 工具電極消耗がまったくないこと
③ 放電加工や研削加工と比較して加工速度が速いこと
④ 短時間で鏡面を得ることができること，などが挙げられる．

これらのような特徴から，高い表面品位が求められるガラスや樹脂成型用の金型などの表面仕上げ加工に用いられるほか，精密部品などにおいて機械加工で発生した加工バリの除去などにも用いられてきた．

ところが，近年では大気汚染や騒音防止をはじめ，生産工場における環境汚染防止基準が厳しくなり，電解加工を敬遠する傾向が続いている．これは，電解加工では有害な重金属イオンによる環境汚染への懸念が払拭できないためで

ある。すなわち，実際の被加工材料の中には合金成分としてさまざまな元素が添加されており，電解加工によって例えば金属イオンの中でも特に人体への毒性が強い Cr^{6+}（六価クロム）などが環境へ漏出するおそれがある点が問題視され，日本においては電解加工の適用は減少傾向にある。一方，欧米ではパルス性電流印加による新しい電解加工法が実用化され，精密加工を高速で実施可能な加工法として注目されている。

演 習 問 題

【1】 アーク溶接と放電加工との共通点と相違点について説明しなさい。
【2】 切削加工が困難な加工形状や被加工材料について説明しなさい。
【3】 放電加工および電解加工に使用する加工液の性質や役割を比較しなさい。
【4】 放電加工後に研磨などの加工変質層除去工程が必要な理由について説明しなさい。
【5】 ワイヤ放電加工機を長時間無人運転するために必要な技術について説明しなさい。
【6】 電解加工で発生が懸念される環境汚染問題について説明しなさい。
【7】 電解加工の加工速度を向上させる方法について述べなさい。

10 レーザ

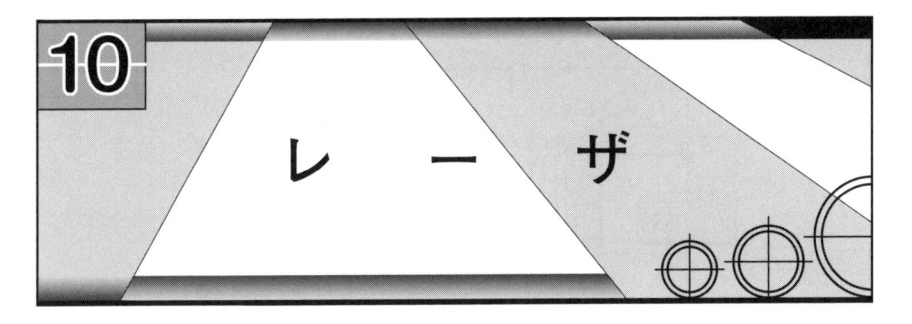

レーザ加工は，light amplification by stimulated emission of radiation と呼ばれる輻射の誘導放出による増幅作用原理を利用しエネルギー密度を高めた光を利用するもので，これらの頭文字を集合した LASER[1] と呼ばれている。T. H. Maiman（USA）が 1960 年に Al_2O_3 に 0.05％の Cr イオンを含有させたピンクルビーロッドを使った発振器で発光に成功したことが始まりである。以後，He-Ne 気体を利用するガスレーザや，Ga-As（ガリウム−ヒ素）を使用した半導体レーザなどが開発され，現在では実用的技術として高い地位を得ている。

レーザは固体，気体，液体，半導体のいずれの状態でも発振できる物質を利用するが，このレーザ光は位相がそろった単色性であり，平行性と直進性に優れ，高いエネルギー密度を保有する特徴を生かし，接合や穿孔加工などに利用されているほか，情報伝達，医療，測長などにも利用されている。

10.1 レーザ発振原理

レーザは光の振動数，振幅を制御してエネルギー密度を増加させる技術で，このエネルギーを加工などに利用することができる。光を増幅させるには媒体となる物質が必要である。原形となる Maiman が開発したルビー利用の固体形レーザ[2] を例に挙げて説明する。図 10.1 に示すように，ルビーロッドは両端面を平行に研磨加工して，誘電体多層膜を作り，反射率 100％端面と 95％端面の構造からできている単結晶ロッドを使用する。このロッドの長さ方向にキセノン（Xe）放電管を配置する構造でトリガー電源からの供給を受けて光による**ポンピング**（pumping）をする。

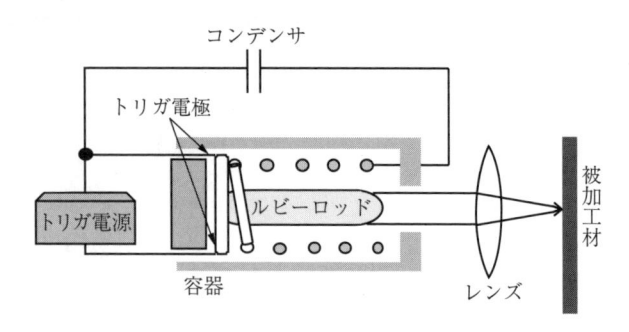

図 10.1　固体形レーザ発振器の構造

このとき，**図 10.2** に示すように，エネルギー準位は物質が基底準位に位置する状態からポンピング作用と呼ばれる外部エネルギーで励起状態に達することにより，**誘導放出**[3]（stimulated emission）となる現象を起す。

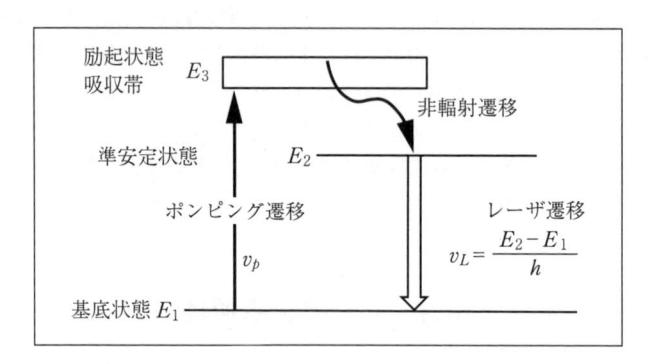

図 10.2　3 準位レーザ

基底準位状態 E_1 に対して電子をより高いエネルギー順位にもち上げるポンピング作用による励起運動を与えると，ルビー結晶が含有する Cr イオンは外部からの光エネルギーを吸収して，エネルギー準位は安定な E_3 の状態となる。

しかし，一部の粒子は非常に短い時間（10^{-7} s 程度）の間で元に戻るものや，発熱損失を起しながらもその多くは準安定順位 E_2 に達して短時間（10^{-3} s）で，E_1 の基底準位に戻る。この基低に戻る過程で 6 943 Å の光エネルギーを放出する。レーザが他の光と大きく異なる点は，きわめて短時間で光を放出することでエネルギー幅を狭く，密度の高い光子を作り，**強度**

(luminous intensity），**可干渉性**（coherence），**指向性**（directivity）をもつことである。

一方，ポンピング作用を与えてもエネルギーを**自然放出**（spontaneous emission）する状態では，準位の反転分布が維持できず高いエネルギーの放出は起きない。

10.2 レーザ発振器の種類と利用

レーザは，誘導放出を起す媒体物資により種類が分類されている。加工に利用されているレーザ発振器の種類と諸元を**表10.1**に示す。

表10.1 レーザ発振器の種類と諸元

名称	レーザ物質	波長	平均出力	特徴	用途
CO_2 レーザ	CO_2-N_2-He 混合気体ガス	10.6 μm 遠赤外	連続型 45 kW(最大)	高出力化 高発振効率：10〜20%	切断，溶接，穴あけ，表面処理
YAG レーザ	Nd^{3+}:$Y_5Al_5O_{12}$ ガーネット(固体)	1.064 μm 近赤外	連続型 10 kW(カスケード型最大) パルス型 300 J, 30 ms(最大)，50 W〜4 kW(通常)	光ファイバ伝送可能，分岐可能 Qスイッチ 高調波	溶接 穴あけ マーキング ダイシング
エキシマレーザ	ArF(193 nm) KrF(248 nm) XeCl(308 nm) 気体	0.175〜0.518 μm 紫外	パルス型 1 J, 2 kW(最大) 10〜100 mJ/mm^2(通常)	高フォトンエネルギー(発振効率：4%)	ポリマー等の微細加工 Siウェハー加工
半導体レーザ (LD)	0.8〜1 μm	固体型 Al(In)GaAs	連続型 10 kW(スタック型最大) 6 kW(ファイバ伝送最大)，50 W〜4 kW(通常)	高効率(発振効率：25〜60%)	溶接(金属，樹脂) グレーチング 表面処理
極短パルスレーザ(フェムト秒/ピコ秒レーザ)	約0.8 μm 近赤外	固体型 Tiサファイア SiO_2ファイバ	パルス型 800 W(最大) 1〜100 W(通常)	高ピークパワー密度(数十GW/cm^2) 極短パルス	穴あけ 薄膜パタニング 表面改質

気体を利用する型式として He-Ne レーザ，Ar-ion レーザ，エキシマレーザなどがある。中でも出力が数 kW クラスとなる CO_2 レーザ[6]は，金属材料の切断加工などに利用されている。固体レーザにはルビー（Al_2O_3）結晶を利用したルビーレーザや，**YAG**（yttrium aluminum garnet）に Nd^{+2} を添加したNd：YAG レーザ[7]等がある。また，半導体レーザは加工には直接的に利用できないが，パソコンなどでの CD や DVD の読取りなどに利用されている。

レーザ光を材料加工に利用するには，レーザの種別[5]による適応性を知ることが必要である。レーザ加工は，被加工材の表面からの加工であり，材料の表面部分で熱エネルギーに変換される。したがって，ビーム光を照射する微小な面積である局部的な範囲が単位加工となり，これを多数回繰り返すことで大面積の加工を可能とする。

また，特徴的である熱エネルギーの視点より加工を捉えると，材料の状態は温度状態に応じて溶融，蒸発，イオン化，昇華の順で変化する。材料の加工レーザパワー密度，すなわち単位面積当りのパワーと作業時間を基準にして加工方法が位置付けられる。レーザ発振器によるパワー密度と加工法の関係を**図10.3** に示す。

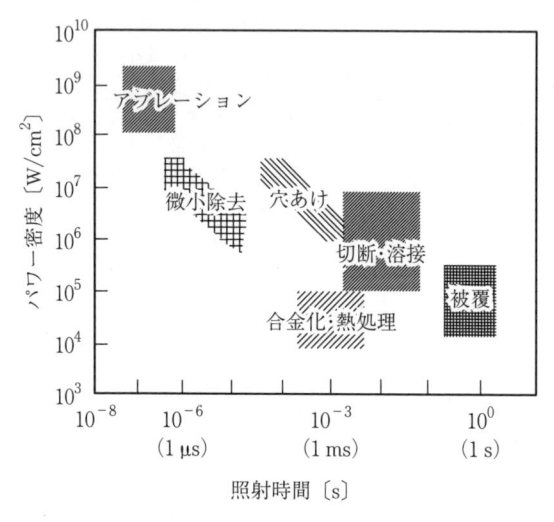

図 10.3 パワー密度と加工法

10.3 せん孔加工

レーザを加工に利用するには，ビームが照射される小さな部分で高いエネルギーによる高温状態を利用することが最も効果的である。言い換えれば，高エネルギー密度で微細あるいは微小加工を行う方法が最良といえる。

せん孔加工では，材料表層部に高エネルギー密度を負荷することで，熱作用による物資の蒸発と溶融による飛散を発生させるメカニズムとなる。被加工材種にもよるがその温度は 10 000 ℃ を超える領域にまで達するといわれており，ビーム照射点の範囲内では数十 ns 以内で溶融・蒸発状態が起きる。

発振器からの出力光は平行光線として扱われ，レンズなどによる集束方法を用いることで，レーザ光の照射面積やエネルギー密度を制御できる。レンズで集束できるレーザ光径 D〔cm〕は以下の式で求められる。波長：λ〔cm〕，ロッド径：d〔cm〕，レンズの焦点距離：f〔cm〕とすると，式（10.1）となる。

$$D \fallingdotseq 1.22 \frac{\lambda \cdot f}{d} \tag{10.1}$$

しかし，光が集束した部分での熱拡散が起きることを考慮すると，実際の値はこれより大きな数値となる。

10.3.1 加工穴形状

レーザ光による穴加工では，用いる集光レンズの焦点距離，焦点位置，照射エネルギーなどにより，加工深さや被加工材の表層側と裏面側の穴径に差がでるなど問題がある。レンズの焦点が加工材の表面に位置すれば中太り形状，材料側に位置すれば円錐状の穴となる。

また，**図 10.4** で示すように，熱的影響を受けて穴周辺部では再凝固物が形成され，しかも加工材料が厚くなるほど高い形状精度を得ることが難しい。したがって，穴の加工深さ，穴径を左右する諸因子との関係を理解することが重

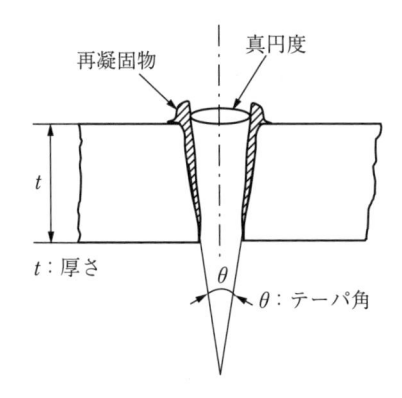

図 10.4　レーザ穴の熱的影響

要となる。

穴の深さを L, 表面吸収パワー密度 q, 加工時間 τ, 加工材の密度 ρ, 溶融熱（または蒸発潜熱）Q, 比熱 c, 温度 T とした場合，式 (10.2)[3] が広く用いられている。

$$L = \frac{q\tau}{\rho(Q+cT)} \tag{10.2}$$

10.3.2　穴　　　径

穴径に対しては実験を通じた経験則に基づけば，パルス幅が長くなるほど穴径は大きくなり，特定のパルス幅以上では穴径は一定となる。また，同じパルス幅のビームで照射回数を増加させても穴径は変化しないことがわかっている。これはモリブデン材に対してパルス幅，照射パルス数を変数として設定する。

さらに，溶融物除去は融解熱を吸収した箇所が溶解して起きると仮定してシミュレーション解析[4] した結果を図 10.5 に示す。

この解析によれば，加工穴の加工深さと径は経験則による結果と定性的にはきわめて一致している。図 10.6 に，SUS 304 材に対して穴あけ加工を行ったときの組織状態を示す。

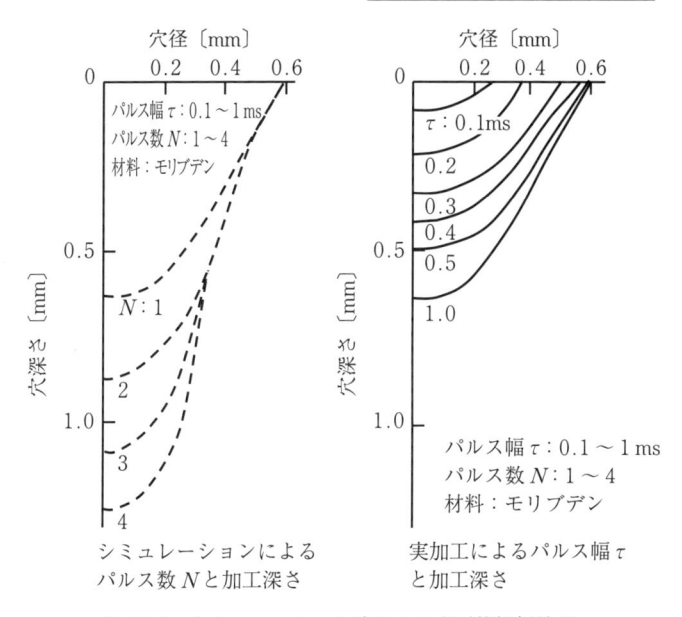

図10.5 シミュレーション法による穴形状解析結果

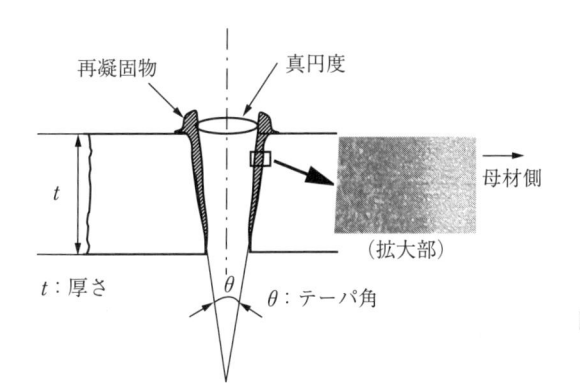

（左）シミュレーションによるパルス数Nと加工深さ
パルス幅τ：0.1～1ms
パルス数N：1～4
材料：モリブデン

（右）実加工によるパルス幅τと加工深さ
パルス幅τ：0.1～1ms
パルス数N：1～4
材料：モリブデン

図10.6 レーザを用いた穴あけ加工の組織状態（SUS 304材）

t：厚さ　θ：テーパ角

10.4 切断加工

切断加工は分離加工であり，基本的には穴あけ加工の連続であり，X軸方向，Y軸方向に移動できる機構が備えてある装置であれば加工が行える。切断

加工は移動しながらの照射が求められるため，出力パルス周期が長いルビーレーザは不都合である．被加工材に対する熱変質層への影響や除去物質の排除などを考慮して，Nd：YAG レーザや CO_2 レーザなどが利用されている．特に，機械加工に比べて切断圧力が格段に小さく，被加工材の変形度合いが抑制できる点を生かして，薄板切断ではレーザが多用されている．

図 10.7 にレーザ切断面の状態を示す．切断面は形成された粗さ，切断面下部に付着する溶融物（ドロス），**熱的影響層 HAZ**[9]（heat affected zone）の深さ，断面の傾き（フレア角），表層に堆積する飛散粉末などから構成されている．切断速度は，速度 V，材料への入射パワー P〔W〕，材料の単位体積当りの蒸発エネルギー Q〔J/cm^3〕，レーザビームスポット面積 S〔cm^2〕，材料厚さ t〔cm〕の場合，式（10.3）で求まる．

$$V = \frac{P}{QSt} \tag{10.3}$$

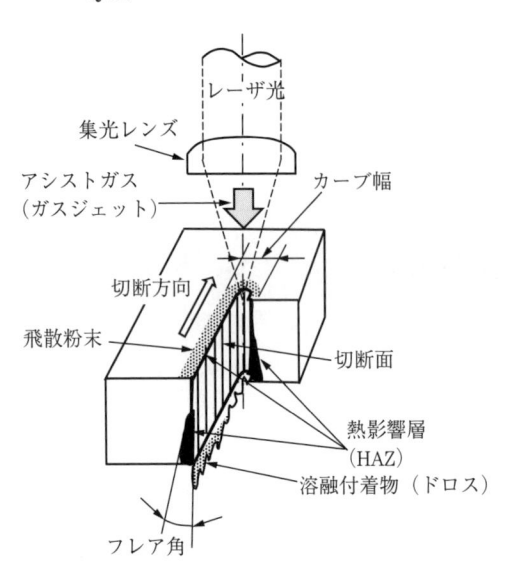

図 10.7 レーザ切断面

図 10.8 に切断速度と加工材の板厚の関係を示す．切断速度が低すぎる場合，供給エネルギーが過剰となり加工材が激しく燃焼するセルフバーニング現象が起きる．切断速度が増加することでドロス付着物が解消され，溶融条痕で

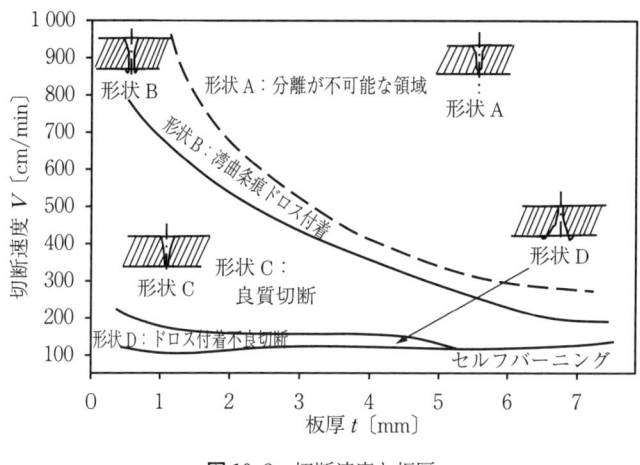

図 10.8 切断速度と板厚

作られる良好な切断面となる。

しかし，この切断速度をより大きくした場合，再びドロス付着物が断面下部に形成され，最終的には切断が不可能な溝切り状態となる。また，切断面は加工材種やアシストガスによっても違いが表れる。**表 10.2** にこれらの関係[8]を示す。

表 10.2 アシストガスの種類による切断面の違い

材種＼ガスの種類	酸素	空気	窒素	アルゴン	備 考
炭素鋼	○	△	△	△	○：良好
ステンレス (SUS)	○	△	△	△	△：ドロス付着が多い
チタン合金	×	△	△	○	×：不適格（激しい酸化反応）
アクリル樹脂	×	○	○	○	
木材	×	○	○	○	

10.5 接 合 加 工

レーザ光のスポット面積は理論的には $1\,\mu m$ 以下であり，非常に小さくとれるほか入力熱量の制御ができる。この特徴を生かし，ほかの接合方法では難し

い小面積や薄物に対して利用されている。レーザ溶接の利点は高速度での溶接が可能で**図 10.9** に示すようにアーク溶接や TIG 溶接と比較して深い溶込みができる。高いパワー密度で入熱量が少なくてすみ，溶接ひずみが小さく，ビー

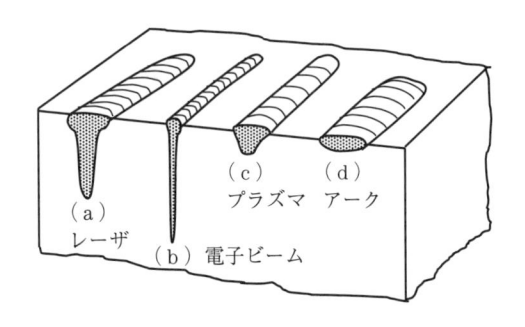

（a）レーザ　（b）電子ビーム　（c）プラズマ　（d）アーク

図 10.9　加工法による溶込み深さ

表 10.3　レーザによる異種金属間材料の接合特性

凡例：
- ◎　優良
- ○　良好
- △　やや不良
- ×　不良
- —　データなし

	W	Ta	Mo	Cr	Co	Ti	Be	Fe	Pt	Ni	Pd	Cu	Au	Ag	Mg	Al	Zn	Cd	Pb	Sn
W																				
Ta	◎																			
Mo	◎	◎																		
Cr	◎	×	◎																	
Co	△	×	△	○																
Ti	△	◎	◎	○	△															
Be	×	×	×	×	△	×														
Fe	△	△	○	◎	◎	△	△													
Pt	△	△	○	○	◎	△	×	○												
Ni	△	○	○	○	◎	△	△	◎	◎											
Pd	△	○	○	○	○	△	△	○	◎	◎										
Cu	×	×	×	×	△	△	△	△	○	○	○									
Au	—	—	×	△	×	△	△	△	◎	○	○	◎								
Ag	×	×	×	×	×	×	×	×	△	×	◎	△	○							
Mg	×	—	×	×	×	×	×	×	×	×	×	×	△	△						
Al	×	×	×	×	△	×	△	△	△	△	△	△	△	△	△					
Zn	×	—	—	×	△	×	△	×	△	△	○	○	×	△						
Cd	—	—	—	×	×	×	—	△	△	△	○	○	◎	×	×					
Pb	×	×	—	×	×	×	×	×	×	×	×	×	×	×	×	△				
Sn	×	×	×	×	△	×	△	×	△	△	△	△	×	×	×	△				
	W	Ta	Mo	Cr	Co	Ti	Be	Fe	Pt	Ni	Pd	Cu	Au	Ag	Mg	Al	Zn	Cd	Pb	Sn

ム照射位置は正確に制御できるため，光ファイバを利用する方法で，数箇所の同時溶接や複雑形状部品に対しても行える。

また，磁場の影響を受けないので磁性材料にも適応可能であり，**表10.3**[8])で示すように幅広く異種金属間の溶接が可能である。

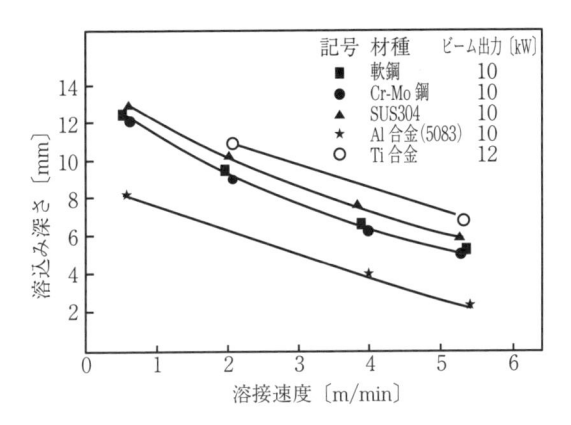

図10.10 各種金属材料の溶込み深さ

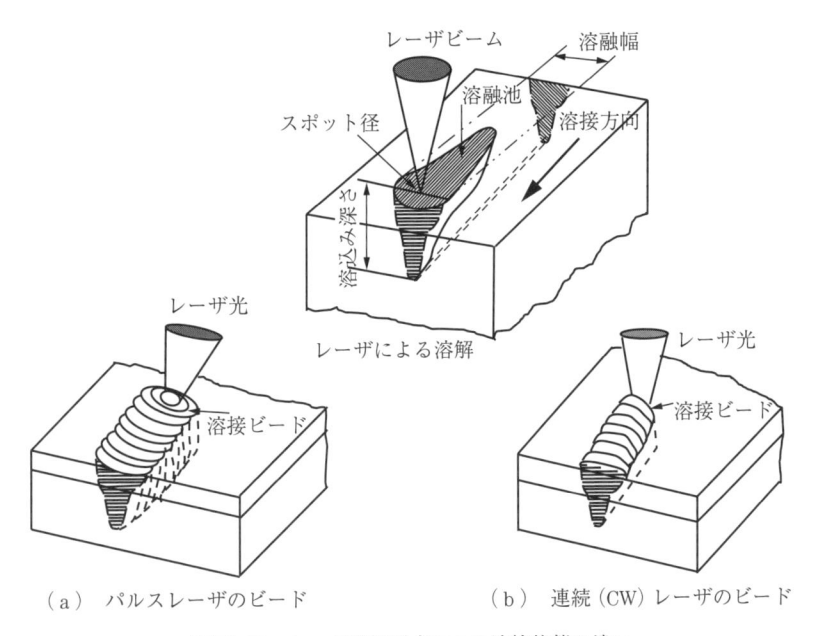

図10.11 レーザ発振形式による溶接状態の違い

問題点は，表面状態によりレーザ光吸収率が変化することや，発生したプラズマがレーザ光を吸収するため浅い溶込みとなるほか，溶接部に気泡が起きやすくなる。**図 10.10** に代表的な種材による溶込み深さの違いを示す。また，レーザの発振様式により**図 10.11** で示すように溶接状態に違いができ，用途による使い分けが必要となる。連続発振レーザは連続ビードが可能で長い接合距離を必要とする箇所で適している。また，パルスレーザは熱的影響部を回避したいスポット溶接に適している。

10.6　三次元造形加工法

米国の航空機産業より発展した三次元 CAD を背景にこれと密接する加工法として，**積層構造法**（layer laminate manufacturing）がある。この加工法は，二次元平面で示す三次元物体の断面形状データを基にして三次元形状を作製する加工法であり，幾つかの方法が使われている。ここでは，比較的広く利用されている光造形法と粉末焼結法について述べる。

光造形法では，紫外線レーザを使い，粉末焼結法では高出力型の CO_2 レーザや Nd：YAG レーザを用いて三次元構造物を作製する。いずれもコンピュタにある CAD データを基に，三次元形状物を多層にスライスしたデータを作成する。

光造形法では，このスライスデータを使い，**図 10.12** で示すように第 1 層から多層の最終層まで段階的に，液体状態の**光硬化型樹脂**（photopolymerizable resin）に紫外線レーザ光を特定の厚さ区分ごとに照射することにより，部分的硬化を継続させながら三次元構造物を作製する。

また，**図 10.13** で示す粉末焼結法やインクジェット法では，粉末状態の金属などの素材を使い，レーザビームによる加熱を行い，粉末粒子を相互に結合させて積層造形して三次元構造物を作製する。この加工法の特徴として金属材料やセラミックス粉末による造形が行えることから，設計開発段階での試作モデルなどで多用されている。特に熟練工を必要とせず，きわめて短い時間で複

10.6 三次元造形加工法　107

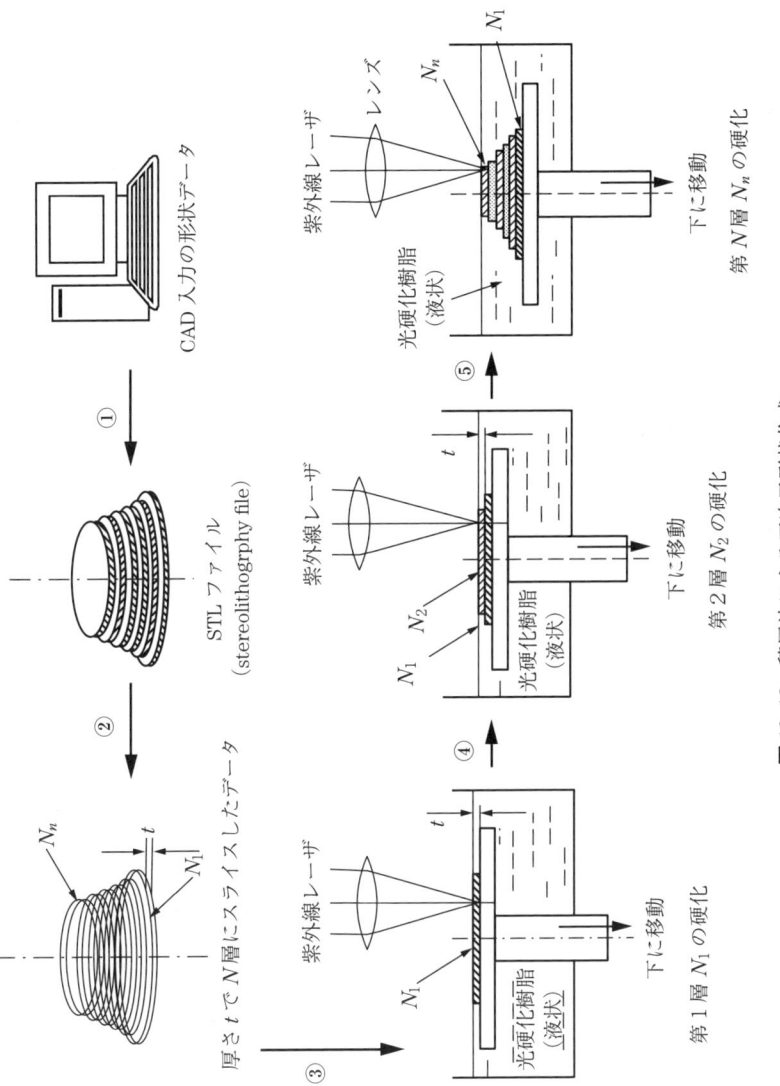

図10.12 積層法による三次元形状作成

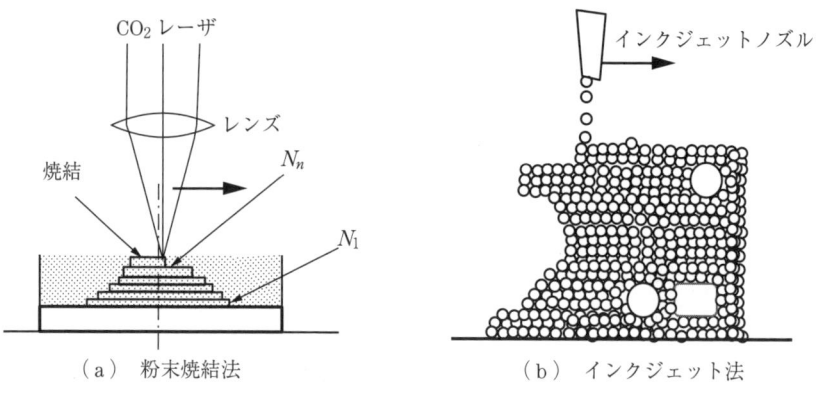

図 10.13 粉末焼結法とインクジェット法

雑な立体模型が自動的に作製できる点を生かし，複雑形状鋳型が鋳造工場などで利用されている．図 10.14 にレーザ光による硬化樹脂製三次元形状部品を示す．

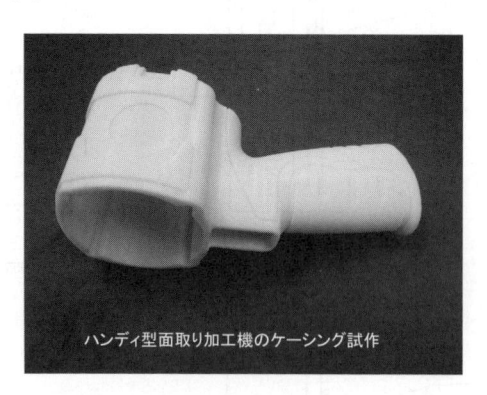

図 10.14 レーザ照射による硬化樹脂三次元モデル

10.7 表面改質

レーザを利用して母基材料の特性を犠牲にすることなく材料の表面を高機能化に改質する加工法を，図 10.15 に示す．加熱・冷却を利用する方法として，急速な加熱と急激な自己冷却による熱処理法で硬化処理する表面改質法を使い，GM 社（USA）がパワーステアリング用部品に対して硬化処理を行い，実

10.7 表面改質

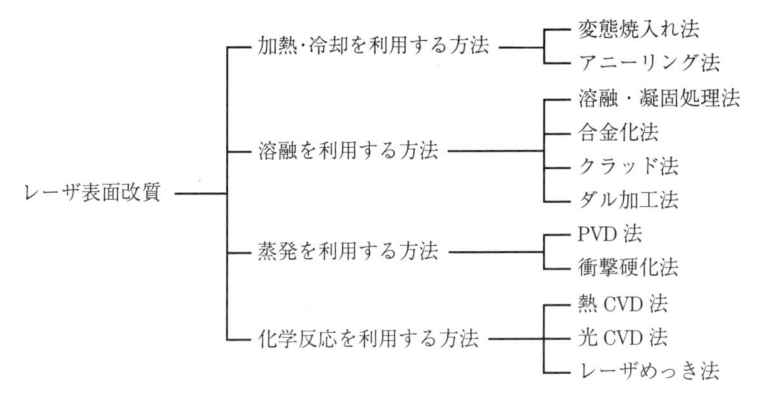

```
                          ┌─ 変態焼入れ法
         ┌─加熱・冷却を利用する方法─┤
         │                └─ アニーリング法
         │                ┌─ 溶融・凝固処理法
         │                ├─ 合金化法
         ├─溶融を利用する方法──┤
レーザ表面改質─┤                ├─ クラッド法
         │                └─ ダル加工法
         │                ┌─ PVD 法
         ├─蒸発を利用する方法──┤
         │                └─ 衝撃硬化法
         │                ┌─ 熱 CVD 法
         └─化学反応を利用する方法─┼─ 光 CVD 法
                          └─ レーザめっき法
```

図 10.15　レーザを利用した表面改質法

用化技術としている。

化学反応を伴う方法としては熱的利用の **CVD 法**（chemical vapor deposition method，**化学的蒸着法**）や，蒸着を伴う方法として **PVD 法**（physical vapor deposition method，**物理的蒸着法**）がある。

また，**図 10.16** に示すレーザ光を使っためっき法などがある。CVD 法では CO_2 レーザや YAG レーザなどを使い，母基材表面を局部的に加熱して雰囲気中に含まれる原料ガスを熱的に分解させて，原料ガス間で起きる化学反応を使

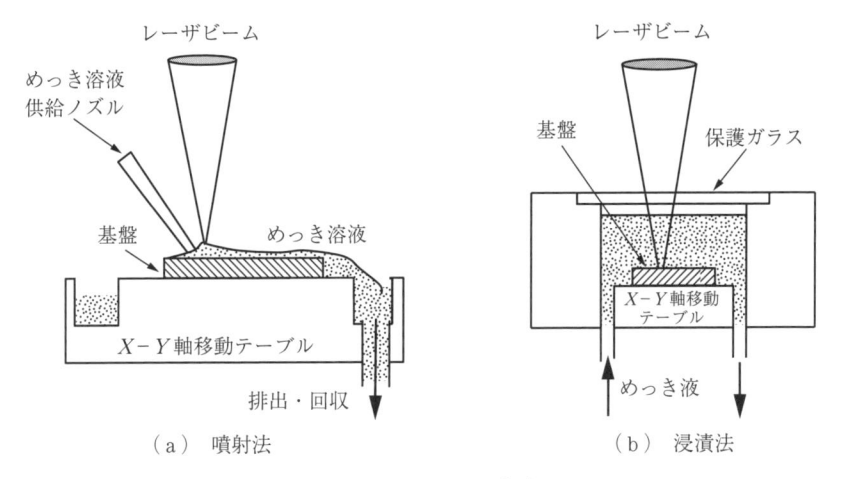

（a）噴射法　　　　　　　　（b）浸漬法

図 10.16　レーザめっき法

い，生成ガス状物質を母基材の表面に堆積させて薄膜を作る．代表的な例をつぎに示す．

① 熱的分解反応例

$$Mo(CO)_6 \longrightarrow Mo + 6\,CO$$

② 複数原料ガス間の反応例

$$3\,SiCl_4 + 4\,NH_3 \longrightarrow Si_3N_4 + 12\,HCl$$

PVD法は，真空蒸着法，イオンプレーティング法，スパッタ法に大別できる．真空蒸着法は，成膜材料を加熱蒸発させて母基材料の表面に堆積させる．イオンプレーティング法は，ガスや蒸発物質をイオン化させて，母基材料の表面に照射して析出，堆積させる．スパッタ法は，成膜材料の表面にイオンを照射し表層部より原子，分子あるいはクラスタなどをたたき出して母基材料表面に堆積させる．

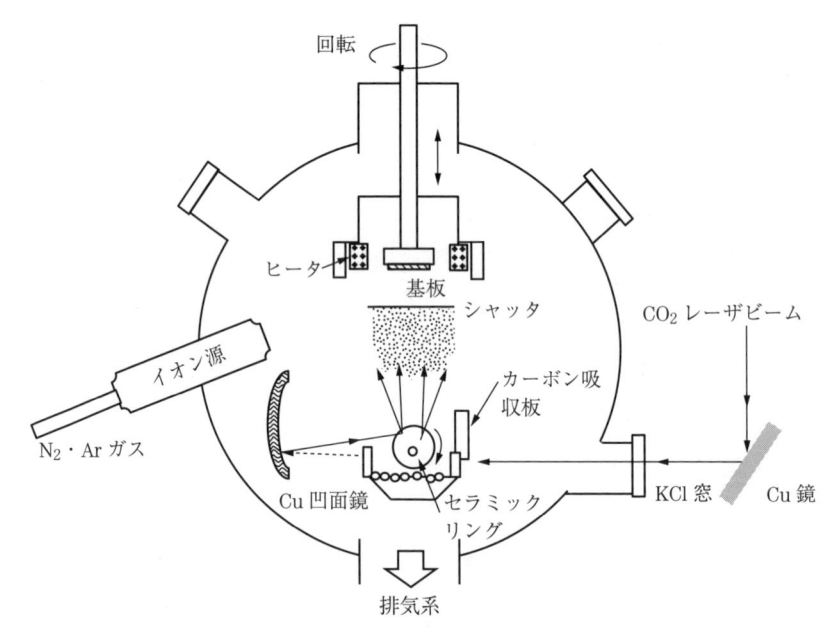

図 10.17 レーザ PVD 装置の概略図

PVD法は，数ミクロンオーダの薄い膜を作製できる特徴がある。反面，モリブデンやタングステンなどの高融点材料は蒸発させることが難しく，皮膜成形に時間がかかる問題などがある。一方，レーザ利用のPVD法が開発され，セラミックスなど高融点材料も比較的容易に蒸発ができ，かつ高速成膜ができる特徴をもつ。

　図10.17に装置の概略を示す。レーザPVD法を使い**DLC**（diamond like carbon）膜の製法が開発され，硬質炭素膜の特徴を生かしアルミ引抜きダイスや切削用工具などの被覆膜として利用されている。

演 習 問 題

【1】　固体形レーザの発振原理と特徴を説明しなさい。

【2】　せん孔加工で起きる問題点について説明しなさい。

【3】　レーザによる接合では機器の使い分けが必要となる。その理由を説明しなさい。

【4】　レーザPVD法の特徴を説明しなさい。

11 ビーム加工

ビーム (beam) という言葉は機械工学分野や建築土木工学分野では構造材を表すが，本章でのビームとは大きなエネルギーをもった粒子や電磁波がある方向に一斉に進行している状態を指す。例えば SF 小説や映画に登場する何らかの高エネルギーの作用によって対象物を破壊するような想像上の武器や，あるいは演劇などで舞台上の俳優をだけを明るく照らすスポットライト，水鉄砲のように細い穴から強い水流を発射するようなものは，いずれも一種のビームであると考えられる（**図 11.1**）。

また兵庫県にある Spring-8 のように 8 GeV という超高エネルギーで電子を加速して光速に近い電子ビームを生成し，磁場によって曲げられた電子ビームから放射される強い電磁波を利用して物質の微細分析を行う施設もある。加工分野で用いられるビームのうちレーザビームは指向性が強い電磁波であり，その発振原理や加工への応用についてはすでに 10 章で解説している。

図 11.1 太陽光を集めて火をおこす
（これもビーム加工の一種？）

一方，電子やイオンなどのような粒子が高速で一定方向に流れている状態を粒子ビームと呼び，現在では半導体生産で用いられる超微細加工から自動車部品生産までさまざまな加工に応用されている。粒子ビームの流れの中ではイオンや電子同士はほとんど衝突せず，高い運動エネルギーをもったまま被加工材料に照射され，材料に対して局所的に大きな熱エネルギーを与えて材料の溶融や蒸発によって除去加工や溶接が行われる。

またイオンビームでは除去加工だけではなく，供給したイオンと材料との化合物層を表面に形成することによって材料表面に耐熱性や耐摩耗性をもった機能性薄膜を形成することが可能である．以下，電子ビーム加工，イオンビーム加工および一般的にはビーム加工に分類されることが少ないが，技術的に興味深いプラズマ加工について概説する．

11.1 電子ビーム加工

電子ビーム加工（electron beam machining）は厚物部品の精密溶接加工技術として幅広く利用されており，現在では自動車のトランスミッション部品の組立をはじめ，航空機，ロケットエンジン部品や原子力発電所で用いられる各種部品の製造や組立に広く応用されている．電子ビーム溶接が登場した歴史的背景や加工原理について以下に述べる．

11.1.1 電子ビーム技術の歴史的背景

古来より，雷によって大木が倒れたり高い建物に火災の被害を与えるといった現象や，冬の乾燥した時期に布や紙が肌に吸い寄せられたり，ときには指先に小さなショックを感じるという現象が多くの人によって見出されてきた．これらの現象が電流と結び付けられて理解されるようになるのは，16世紀中旬のライデン瓶の発明やフランクリンの雷実験以降になる．

導体内を流れる電流の作用については，18世紀中頃のマックスウェル方程式の発見，18世紀末のローレンツの研究により発展し，20世紀初頭にかけて発電機やモータの開発や実用化が急速に進行した．電流の実態がきわめて質量が小さい荷電粒子の流れであることが，19世紀末のクルックスの陰極線管実験やトムソンの実験を通じて明らかになった．その一方で，あらゆる物質が原子という最小の単位をもち，原子には原子核と電子からなる微細構造が存在することがラザフォードらによって明らかにされたのも，20世紀初頭のことであった．

現在では，電力を利用したさまざまな機器類，例えば照明や冷暖房，給湯，調理器具等の家庭電化製品やスマートフォンやタブレット端末のような情報機器類，EV車やハイブリッド車のような輸送機器に至るまで，われわれの生活に欠くことのできない存在となっている。

生産加工分野において，電気エネルギーの応用は工作機械におけるモータによる機械的エネルギーの利用が広まる以前から始まっており，エジソンによる白熱電球の改良と同時期の1880年頃にはアーク溶接の特許が認められ実用化が始まっている。その後1930年代に可視光線よりも波長が短い電子ビームを利用した透過型および走査型電子顕微鏡が開発され，光学顕微鏡では観察できなかったミクロな世界を直接観察できるようになった。

この後電子ビームはブラウン管におけるテレビ画像表示に応用されるようになり，1960年代以降急激に利用が拡大した。電子顕微鏡やブラウン管に用いられる小電流電子ビームを大型化し，材料に対して大きな熱エネルギーを与えて溶融切断や溶接加工を可能にしたのが電子ビーム加工機である。

11.1.2 電子ビーム加工機

電子ビーム加工機の原理は，基本的に液晶テレビ以前に広く普及していた箱型テレビの受像部であるブラウン管と同様である。電子は質量が9.1×10^{-31} kgの軽い粒子で，空気中では仮に強い電場でクーロン力を作用させても空気中の窒素や酸素などの分子と衝突するために速度を上げることが難しい。そこで，電子を効果的に加速するために電子ビーム加工機では電子ビームを生成・加速し，それを収束し材料に照射するまでのすべての工程を，数Pa程度の真空中で行う。

電子ビームの電子は電子銃を用いて発生させる。電子銃の構造は（**図11.2**）に示すように単純で，フィラメントに電流を流すことで高温となったフィラメントから放出される熱電子を取り出して利用するようになっている。電子銃で発生させた電子は，10〜150 kVのバイアス電圧によるクーロン引力により加速されると同時に，磁界レンズによって細いビームに収束され，被加工材料上

11.1 電子ビーム加工

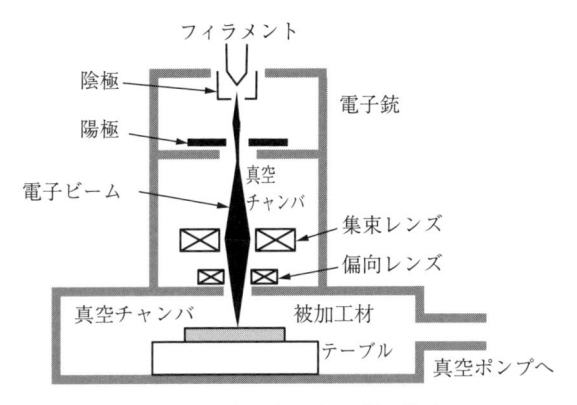

図 11.2 電子ビーム加工機の構造

で約 0.2 mm 以下の微小スポットを形成する（**図 11.3**）。

また電子ビームは，偏向コイルに電流を流すことによってスポット位置を高速にスキャンすることが可能であり，加工機では NC によって電子ビームの材料上の照射位置や速度を制御する。光速の数十％まで加速された電子は被加工材料中で自由電子や原子と衝突して二次電子を放出し，X 線を放射

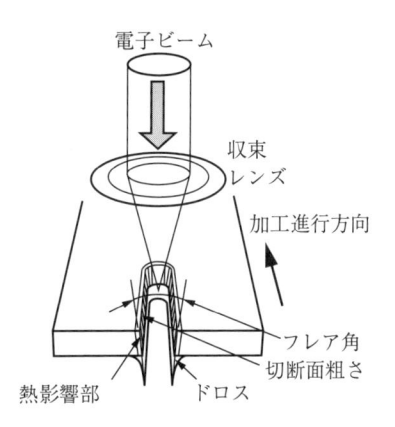

図 11.3 電子ビーム加工模式図

するほか多量の熱エネルギーを放出する。そのエネルギー密度は 10^7 W/cm^2 程度とアーク溶接の 1 000 倍程度に達し，厚さ 100 mm の鋼板の裏面に到達することが可能である。

レーザ加工のように大気中での加工は不可能で，被加工材料の投入，真空引き，加工後の材料の取出しに時間を必要とすること，金属加工の場合には加工点から人体に有害な X 線が発生するなどの欠点がある。その一方で，投入電力に対するエネルギー効率が高いこと，真空環境での加工であることから材料溶融部への不純物の混入が少ないこと，加熱領域が狭いため一般的な溶接で問

題となる熱ひずみによる材料の寸法精度低下や熱影響部での機械的性質劣化が少ないこと，NC制御と高エネルギー密度の熱源の組合せにより超高速加工が可能なことなどの多くの特徴が挙げられる．

このような利点を生かして自動車用トランスミッションのギヤやクラッチ部品の組立加工をはじめ，精密かつ高能率な溶接法として広く用いられるほか，局所焼入れ処理やろう付けなどへの応用が広がっている．また最近では，パルス状の電子ビームを直径数十mm程度の領域に照射することによって材料表面を鏡面化する電子ビームポリッシング技術が開発され，放電加工面による加工変質層を除去するための手作業による研磨工程の代替技術として注目されている．

11.2 イオンビーム加工

電子よりもはるかに質量が大きい原子や分子をイオン化し，さらに加速電圧印加によって大きな運動エネルギーを与えてイオンビームを生成し，これを材料表面に照射することによって，材料表面の除去加工を行うことが可能である．この際にイオンの種類や平行ビームをそのまま材料に照射するか，または

（a）イオンビームエッチング　　（b）集束イオンビーム加工

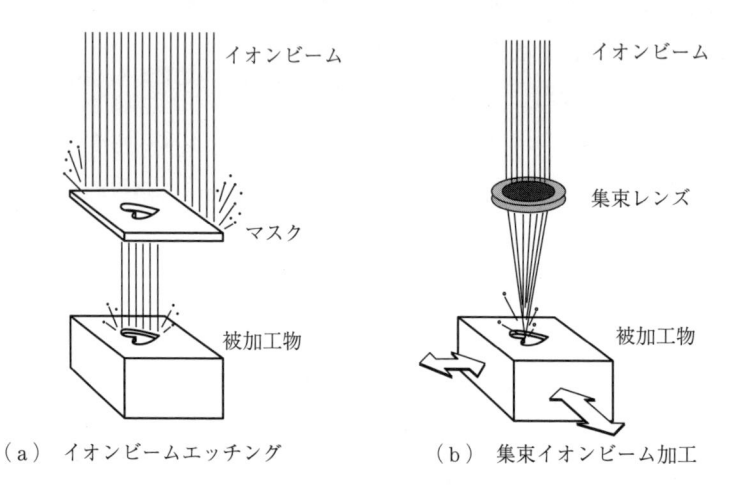

図11.4　イオンビーム加工

収束させて照射するかによって加工の種類が異なる。ここでは代表的なイオンビーム加工からイオンビームエッチング法，集束イオンビーム法，イオン注入法の概要についてそれぞれ説明する（**図 11.4**）。

11.2.1 イオンビームエッチング

XPS（X 線光電子分光法）やオージェ電子分光法のように測定領域が試料表面数 nm 程度以内のような精密な分析装置を使用する場合，一般的に測定試料表面は酸化膜やガス吸着層のようないわゆるコンタミネーション層で覆われているため，そのまま測定しても材料本来の測定データを得ることができない。このためこれらの分析装置には，不活性ガスであるアルゴン（Ar）をイオン化・加速して測定試料表面に照射して試料表面のコンタミネーションを除去するクリーニング装置が内蔵されており，測定前に試料表面の除去処理を行う。

一般的にはエッチングとは酸性やアルカリ性の電解液に試料を浸漬し，電解液の化学作用により試料表面を溶出除去する方法を指し，このような方法は試料を液体に浸漬するためウエットエッチングと呼ばれるのに対して，**イオンビームエッチング**（ion beam etching）は電解液を一切使用せず試料が乾燥した状態で加工されることから，ドライエッチングと呼ばれる。

イオンビームエッチングでは，加速したイオンを試料表面に照射すると試料を構成している原子や分子が材料表面からはじき飛ばされるように除去され，このような過程を**スパッタリング**（sputtering）と呼ぶ。前述の XPS やオージェ電子分光装置では，測定とイオンビームエッチング（スパッタリング）を繰り返し行って表面除去と測定を繰り返すことによって，材料の深さ方向の分析を行うことも可能である。

本手法では材料除去量は照射したイオン量（ion dose）に比例するため，大雑把には材料除去量はイオンの照射時間に比例するものの，除去速度が試料中の構成元素に依存して変化するため，材料除去量を定量的に制御することが困難であるという欠点がある。また材料除去速度は他の加工方法と比較して遅く，数十 nm/min 程度である。

11.2.2 集束イオンビーム加工

イオンビームも，電子ビーム同様に磁界レンズを用いて試料表面の微小領域（100 nm から数 nm 程度）に集束させることが可能であり，**集束イオンビーム**（focused ion beam machining, FIB）と呼ばれる。ガリウムイオンを集束して試料に照射して，透過電子顕微鏡観察用の厚さ数〜数十 nm の薄い試料を作成するイオンミリング装置が市販されており，超硬材料やダイヤモンドのような硬質材料を含むあらゆる材料の微細加工が可能である。

最近では単結晶や多結晶ダイヤモンド工具に対して研削加工では得られない鋭利な刃先を集束イオンビームで形成可能であるとする研究報告もみられるが，本手法は加工速度が研削加工などと比較して格段に遅いため，切削工具の大量生産に用いるのは現実的ではない。今後のさらなる研究開発が期待される。

11.2.3 イオン注入法

レーザ加工や電子ビーム加工は，それぞれ光エネルギーや電子の運動エネルギーを熱エネルギーとして材料に与えて加工を行うのに対して，イオンビーム加工は材料に熱エネルギーを与えるだけではなく，加速したイオンそのものを材料表面から内部に注入することによって母材の諸性質を制御することが可能である。このような手法を**イオン注入法**（ion implantation）と呼ぶ。

本手法は通常用いられる蒸着とは異なり，イオンに与える運動エネルギーを自由に設定できるため材料への侵入深さを制御できる利点があり，半導体デバイス製造工程において，真性半導体に 3 価または 5 価のイオンを注入して，それぞれ p 形，n 形のチャネルを形成する際のドーピングに広く利用されている。

加工分野への応用としては，加速した窒素イオンに電子を与えて中性に戻して鉄鋼材料へ照射することによって，鉄鋼材料表面での窒化物生成を効果的に抑制し，材料表面の脆化やクラックの発生がない新しい表面硬化処理である**ニュートラル窒化処理**（neutral nitriding）が注目されている。

本処理では，注入した窒素は鋼の結晶に強制的に侵入することによって強い格子ひずみを発生させ，材料の転位の移動を阻害するとともに，材料に圧縮残

留応力を付与することで，機械部品や金型の耐摩耗性や疲労強度の向上や，さらに CVD（化学蒸着法）や PVD（物理蒸着法）等の一般的な成膜法の前処理に利用することで，成膜の密着性向上の効果があることが報告されている。

11.3 プラズマ加工

物質には温度によって固体，液体，気体の3状態があり，さらに温度を上昇させることによって気体原子あるいは分子が電離してプラズマ状態に移行する。プラズマには電離によって発生した陽イオンと電子がほぼ同じ密度で含まれており，通常の気体と比較して化学的活性が高い特徴がある。**プラズマ加工**（plasma processing）は，プラズマを応用することによって材料の狭く深い領域に大きな熱エネルギーを与えることが可能であり，除去加工や溶接加工などに広く用いられている。

11.3.1 プラズマ切断，溶接

プラズマトーチを用いると，アーク放電や酸素アセチレンガス燃焼よりもはるかに性能の高い切断や溶接が可能である。プラズマトーチ内部では，タングステン電極とノズル電極との間で電圧を印加してアーク放電を発生させた状態でガスを供給するため，供給したガスの冷却効果によってアーク放電が細くなる（これを熱ピンチ効果という）。このように細く高温となったアーク放電によって，供給ガスがプラズマジェット化してノズルから噴射される。**プラズマ切断**（plasma cutting）は材料の燃焼熱を併用しないため，酸化しにくいステンレス鋼をはじめ，コンクリートやセラミックスなどのあらゆる材料の高速切断が可能である。

また他の溶断と比較して切断代が狭く熱影響が少ない利点がある。最近ではプラズマガス源として入手が容易な水を利用した携帯可能なプラズマ切断機が市販されており，災害や事故における救助作業用として警察署や消防署での採用が始まっている。

さらにプラズマジェットを溶接（welding）に応用した場合には，溶接速度が早いこと，アーク放電の安定性が高く溶接品質が安定すること，溶接幅・熱影響部がともに狭く熱ひずみが少ないこと，深溶込み溶接が可能なことなどの多くの利点があり，溶接条件によってはレーザ溶接に匹敵する高い性能が得られることが報告されている．

11.3.2 プラズマ溶射

一般に，高硬度材料は耐摩耗性が良好である反面脆性で割れやすく，その一方で延性が高い材料は耐摩耗性が低いという欠点がある．また，材料の摩耗や腐食，酸化は材料表面から進行することから，延性材料の表面にセラミックスのような材料をコーティングすることによって材料性能を著しく向上させることが可能である．金属材料表面にこのようなコーティング膜を形成する方法としてはCVDやPVDなどが挙げられるが，これらの手法は大形の機械部品のコーティング処理が難しいこと，部分的な処理に不向きなことなどの欠点があった．

プラズマ溶射（plasma spraying）は，先に述べたプラズマジェットの噴流中にコーティング材料粉末を供給し（**図11.5**），材料表面に噴射・固化させる方法である．一般的に，前処理としてサンドブラストなどを用いて材料表面に微細な凹凸を形成することによって，より密着度の高いコーティング処理が可能

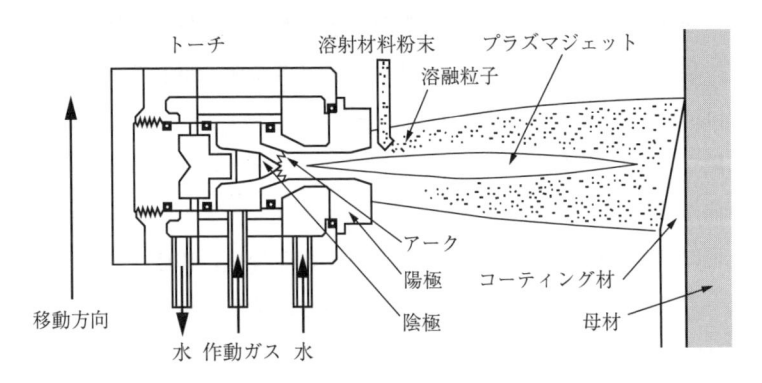

図11.5 プラズマ溶射トーチの構造

となる。

　プラズマ溶射では処理温度が 10 000 ℃以上になるため，金属や非金属材料をはじめ酸化物，炭化物などの高融点材料のコーティングが可能であること，アルゴンガスなどの不活性ガスシールドを実施することによって酸化や材料汚染がない施工が可能であること，プラズマジェットが高速（しばしば音速を超える）であることから，供給材料が材料表面にしっかり侵入して大きな密着力が得られること，空孔が少ない緻密なコーティング膜が得られることなどの利点がある。

　また，コーティング材料を適切に選定することによって，材料に耐摩耗性をはじめ電気絶縁性，耐熱性，断熱性，耐食・耐薬品性，離型性などのさまざまな機能付与が可能であり，機械部品の表面処理技術として広く応用されている。

演 習 問 題

【1】 電子ビーム加工機について電子ビームの発生，加速，集束の方法について説明しなさい。

【2】 アーク溶接と電子ビーム溶接の加工特性を比較しなさい。

【3】 電子ビーム加工が真空中で行われる理由について説明しなさい。

【4】 XPS（X線光電子分光法）による分析原理について調査しなさい。

【5】 アセチレンガス溶断とプラズマ切断の加工特性を比較しなさい。

【6】 金属表面にセラミック膜を形成する手法について説明しなさい。

12 アブレイシブジェット加工

水鉄砲の原理を応用して,シリンダの中に閉じ込めた水に油圧やエンジンで駆動したピストンを用いて高い圧力を加えることによって,ノズルから高速の水流を発射させることができる。このような水流は大きな運動エネルギーをもつため,これを利用して材料表面の洗浄や除去加工が可能であり,近年では通常の切削や研削では加工が困難な材料への適用が進められている。

本章では,高圧の水流を利用したウォータジェット加工と,水とともに硬質な砥粒を供給することで加工性能を高めたアブレイシブジェット加工について概説する。

12.1 ウォータジェット加工の歴史

高圧に加圧した水を利用した加工の起源は,1800年代半ばの水圧採鉱まで遡ることができる。そして,1930年代には細く絞ったウォータジェットを切断「工具」として利用する方法が開発された。初期のウォータジェット加工では水圧が低く,紙のような比較的軟らかい材料の切抜きに用いられていた。

第二次世界大戦後,ウォータジェット加工は高圧水を用いて硬質材料を切断する新しい方法として,世界中の研究者によって開発を進められてきた。そして,1970年代以降の高圧ポンプとノズル技術の発展に伴い,本格的な実用化が始まっている。1980年代には水圧 500 MPa(約 5 000 atm)以上,オリフィス径 0.05 mm の加工機が開発され,さまざま材料の加工に広く応用されるようになった。

12.2 加　工　機

ウォータジェット加工機は「純」ウォータジェット加工とアブレイシブジェット加工の2種類に大別される。

加工に水のみを使用する「純」ウォータジェット加工は200〜400 MPaの圧力で運転され，発泡材や紙，布，ゴムのような比較的軟質な材料の加工に限定される。一方で，400〜600 MPaの高圧水にガーネット砥粒のような研磨性（アブレイシブ）材料を添加するアブレイシブジェット加工は，金属材料をはじめFRPのような難削性材料の切削が可能である。

ウォータジェット加工機またはアブレイシブジェット加工機は，高圧力ポンプ，切断ヘッド，可動ステージ，制御装置から構成され，後者は砥粒供給機構を備える点が異なっている。

12.2.1 加圧ポンプ

ウォータジェット加工機では，大量の超高圧水をノズルから供給するための機構をもつ。ウォータジェットポンプは，水を加圧するための駆動モータ出力で分類される。

ポンプ設計において必要な水圧および水量に対して，適切な出力のモータが選択される。ウォータジェット加工機で最も一般的に用いられているのは「増圧形ポンプ」である。その構造図を**図12.1**に示す。

このポンプは油圧を利用して水を加圧する。水側のピストンは油側のピスト

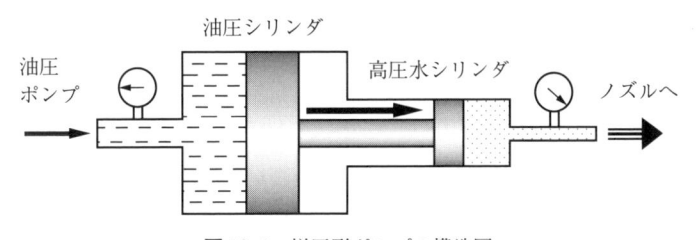

図12.1 増圧形ポンプの構造図

ンと比較して断面積が小さく（水側と油側の面積比が最大で20倍程度），油圧が増圧されて水に印加される．

12.2.2 切断ヘッド

ポンプで生成した高圧水は配管を通って切断ヘッドへと導かれる．ここで高圧水は小さな穴が開いたオリフィスを通して噴射される．オリフィスの材料としては高圧力に耐えるために硬質なダイヤモンド，ルビー，サファイアが用いられる．

オリフィスの前のチャンバーで砥粒が高圧水に混合され，被加工材料へ噴射される（図12.2）．砥粒供給は真空搬送と制御システムによって制御され，再現性が高い加工を実現している．

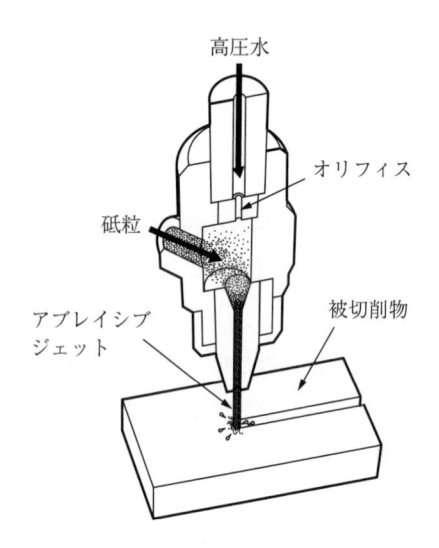

図12.2 切断ヘッドの構造

12.2.3 可動ステージ

ウォータジェット加工の多くは，平板状の材料を切り抜く形式の2.5次元加工である．加工機にはX-Yステージとその制御システムが装備される．X-Yステージには材料台が床に固定されたガントリー形，一方の軸が可動テーブ

（a）ガントリー形　　　　　　（b）ハイブリッド形

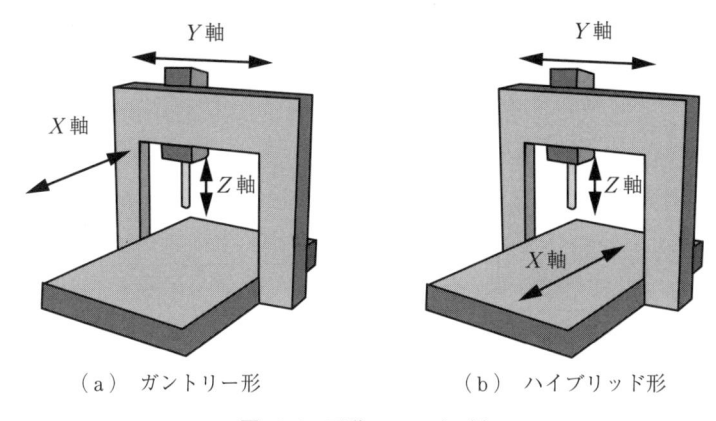

図12.3　可動ステージの例

ル・1軸がガントリーシステムのハイブリッド形（**図12.3**）などがある。

また，近年のモーションコントロールの発達により，同時5軸制御ウォータジェット加工機も実用化されている。ここでは直交3軸，X軸（前後方向），Y軸（左右方向），Z軸（上下方向）に加えてA軸（X軸周りの回転），C軸（Z軸周りの回転）を加え，ウォータジェットの噴射方向を任意方向に傾斜可能としている。このような同時5軸制御を行うことによって三次元加工が可能になる。

12.3　加工条件（プロセス）

アブレイシブジェット加工は，高速の水と砥粒（アブレイシブ）の混合物ジェットによる除去加工である。砥粒は小さな硬質粒子であり，形状がばらばらで鋭利な角部をもつ。高圧水流により砥粒が高速で非加工材料に衝突することによって，除去加工が進行する。ウォータジェットがノズルから噴射された後，加工でエネルギーを消費した後のジェットはキャッチタンクに導かれる。キャッチタンクは，図12.4に示すように水や加工時に発生する切りくず（加工くず）や，使用済み砥粒が混合したスラッジが貯蔵される。

アブレイシブジェット加工における加工条件は，切断幅とジェットの速度を

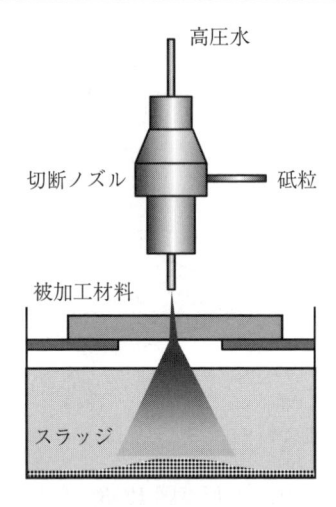

図12.4 キャッチタンク

決めるためのノズルに関するもの，粒径や材種，供給量のような砥粒に関するもの，そして水の圧力や流量のような水（加工液）に関するものの三つに大別でき，被加工材料の材質や切断形状によって適切に選定する必要がある．

12.3.1 加　工　液

本加工システムにおける水に関する基本的な加工条件（加工パラメータ）は，水圧とオリフィス径である．水圧は重要な加工条件で，被加工材質よって決まる砥粒の最小衝突速度（実用上十分な加工速度が得られる条件）と相関がある．最小衝突速度以下の条件では切断速度が極端に低下する．

$$v_{jet} \propto \sqrt{\frac{2p}{\rho}} \tag{12.1}$$

ここで v_{jet} はジェットの流速〔m/s〕，p は圧力〔kPa〕，ρ が流体の密度〔g/cm^3〕である．

第二の条件はオリフィス径に関するもので，これによって水ジェットの流量が決まる．水の質量流量は近似的に以下の式で表される．

$$m \propto \rho A_o v_{jet}$$

ここで m は質量流量〔kg/s〕，A_o はオリフィスの面積〔cm^2〕である．本式

から，オリフィス直径を大きくするとウォータジェットの質量流量が増大し，加工速度を向上させることができることがわかる．その反面，オリフィス直径を大きくすることで水の消費量が増大するという欠点もある．

ウォータジェットをはじめ，他のビーム型の加工（レーザ加工や電子ビーム加工，プラズマ加工など）では，これらのビームが被加工材料に照射中にビームのエネルギーが低下するとともに，後方（ビームスキャン方向とは逆方向）にビーム方向が逸れていくストリームラグという現象が発生する（図 12.5）．これにより切断面が垂直にならずテーパが発生して加工不良の原因となる．このような場合は，水圧を上げるか切断速度を遅くすることで改善可能である．

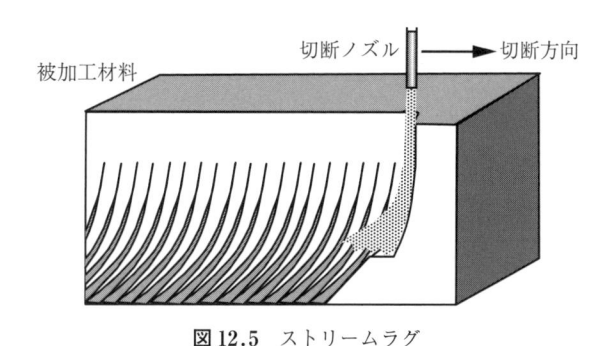

図 12.5　ストリームラグ

12.3.2　オリフィスおよびノズル

アブレイシブジェット加工では，砥粒を含む高圧の水を強制的にノズルから噴射させて小さな面積に大きなエネルギーを与えて加工を行う．水流を小さなオリフィスで絞ることによって，高圧かつ高速の水流を発生させる．これは，ホースを使って散水するときに，先端を指で押さえて水流を絞って水を遠くへ飛ばす原理と同じである．高速水流用のオリフィスの直径は一般的に 0.2～0.4 mm 程度である．高圧水は混合室で砥粒と混ぜ合わされてノズルからジェット状に噴射される．

ノズル材料は硬質な超硬材料や合成サファイアを用いるが，加工中のノズル内面は水流とともに砥粒が激しく擦過するため急速な摩耗が生じ，定期的な交

換が必要である。ノズルから放出されたアブレイシブジェットは，被加工材料と衝突するまでは大気中を通過する。ノズルと被加工材料との距離をノズル高さ NTD（nozzle tip distance）と呼び，加工部の切断幅や加工速度に影響を与える。

12.3.3 砥　　　粒

アブレイシブジェット加工に使用される砥粒には，ガーネット，アルミナ，酸化ケイ素，炭化ケイ素などのさまざまな種類がある。チタン合金や鉄鋼材料のような硬質材料をはじめとするあらゆる材料が，アブレイシブジェット加工で切断可能である。

砥粒は硬度が高く，高い靱性と鋭利な角部をもつ必要がある。一般的に使用される砥粒径は 120 番，80 番，50 番である。ただし，砥粒径による切断精度の影響は比較的少ないとされている。その代わりに加工面の表面粗さや加工速度には大きな影響を与える。砥粒が細かいほど（番手が大きいほど）加工表面粗さが向上する反面，切断速度が遅くなる。

12.4　加　工　条　件

12.4.1 位　置　決　め

本加工における加工精度は，他の工作機械と同様，加工機の位置決め精度と動的特性の影響を大きく受ける。機械の運動精度にはさまざまな考え方がある。機構のバックラッシュ（位置決め機構を駆動する歯車やボールねじの回転方向が反転する際に生じる位置ずれ）や，調整が不完全な機構で発生する繰返し位置決め誤差，機構の動作中によって発生するびびり振動などがある。

それらに加えて，位置決め精度，直進度，平坦度，直線案内の平行度などを挙げることができる。

12.4.2 切削幅補正

切削幅補正は，アブレイシブジェットによる切断幅を考慮した加工パス制御のことで，所定の寸法の部品を切り出すためには加工パスを切削幅分だけ拡げる必要がある。切断幅はノズル径や砥粒の種類および粒径により変化する。

一般的な加工の場合，切断幅は $1.0 \sim 1.3\,mm$ 程度から，最も狭い場合で $0.5\,mm$ 程度である。砥粒を使用しないウォータジェットの場合には，切断幅は $0.2 \sim 0.4\,mm$ 程度で，$0.08\,mm$ と髪の毛程度まで狭くすることができる。

12.4.3 プログラミング誤差

CAD や手書き図面に記載されている部品形状や寸法と NC プログラミングの不一致に起因する加工誤差がしばしば発生し，これをみつけることは一般に難しい。NC プログラムにより創生する加工形状を，PC や NC 制御盤上のディスプレイに表示させる加工シミュレーション機能があるが，一般的に本機能は加工寸法まで表示することができない。したがって，しばしば加工誤差が見過されることになる。

このような誤差やミスを防ぐためには，NC プログラム（コード）が図面上の寸法や形状と完全に一致していることと，複数のオペレータにより確認する必要がある。

12.4.4 材料の固定

精密な加工を行うためには，被加工材料を正しい方法で加工機に固定しなければならない。切断や穴あけ加工中に材料の位置がずれないこと，振動しないことが重要である。

材料は加工機のテーブル上にクランプやジグを利用して固定される。ある材料を初めて加工する際には，材料の振動や位置ずれが起こっていないか注意深く観察する必要がある。また，加工は材料の中央部から穴あけ・切断を開始することも，材料の端部から切断を開始することもできる。

12.5 加 工 精 度

本方法による加工品の精度は，加工プロセス（アブレイシブジェットそのもの）に起因する誤差と，機械に起因する誤差（X-Yテーブルの位置決め誤差など），材料の安定性（固定状態，平坦度，安定性）の組合せによって決まる。アブレイシブジェットの噴射条件は，加工精度に多大な影響を及ぼす。これらの条件を制御するために多くの研究がなされてきた。単純には高精度で再現性が高い加工機を使用すれば機械に起因する誤差を減らすことができるものの，その他のウォータジェットそのものや材料固定方法に起因する誤差を減らすことはできない。

厚さ 25 mm 以内の材料加工の場合，一般的な加工機の精度は ± 0.07 から 0.4 mm 程度である。高精度アブレイシブジェットを搭載した加工機では，加工精度は ± 0.025 mm 程度である。位置決め精度 0.010 mm 程度の X-Y テーブルを用いて材料固定を適切に行うことで，ウォータジェット加工の精度を 0.10 mm 以内に，加工の再現性を 0.025 mm 以内に抑えることが可能である。

12.6 被 加 工 材 料

ウォータジェット加工は，食品や紙から金属材料，複合材料に至る広範囲の材料に適用可能である。CFRP（炭素繊維強化複合材料）などの複合材料技術は著しく発展しており，このような新素材は，しばしば一般的な方法では加工が困難である場合が多い。最近までこれらの材料の加工にはダイヤモンドやコーティング超硬工具による切削加工が適用されてきた。しかし複合材料の組成や繊維の配向方向によって機械的性質に強い異方性があるうえ，切削加工においては切削点の温度上昇による樹脂材料の溶融やバリの発生，層間剥離などの問題がしばしば発生する。それに加えて，切削加工は加工中同時に 1 カ所しか加工できないため加工速度が遅く，バリや層間剥離部を二次加工で補修する

必要があるなどの問題があった。

アブレイシブジェット加工はこれらの問題が生じないことから，航空機用CFRP構造材の加工によく用いられている。アブレイシブジェット加工は，チタン合金や黄銅，工具鋼のようなさまざまな金属加工に適しており，アルミニウム合金や鉄鋼材料の加工にも広く用いられている。

また，アブレイシブジェットは切断幅が狭いため，1枚の板材から部品を切り取る場合に部品の間隔を狭く詰めたり，1本の切断線を複数の部品で共有することが可能であり，ブランク材や切りくず発生量を最小限に抑えて材料を有効に活用することができる。これは，スクラップの量の低減と加工コストの低減につながる。ゴムやウレタンフォームなどの発泡材，樹脂，食品，紙や布地の加工が可能である。

自動車産業においてアブレイシブジェット加工は，さまざまな内装材や外装材，内張りやカーペット，インスツルメントパネルやドアパネル材をロボット切断するツールとして使用されているほか，自動車の塗装工程で使用される器具類から塗料を剥離するためにも使用されている。また，鉄筋コンクリートなどの切断も可能であり，建築の解体現場へ適用することで低騒音かつ粉塵発生のない施工が可能となっている。

12.7 利点と欠点

アブレイシブジェット加工の優位点を以下にまとめる。
- 生産性が高い。高速切断が可能で加工面品質も高い。
- 部品形状や材料の変更に対して柔軟に対応できる。
- 切断幅が狭い。
- 原材料の節約（スクラップの低減）。
- 維持コストが安い。ウォータジェットのオリフィスや砥粒ノズルを定期的に交換する必要がある。
- あらゆる方向の切断が可能。

- 部品固定が容易。全周の固定は不要で最小限の横方向および縦方向の加工反力に耐えられればよい。
- 1回の加工で加工が完了する（仕上げ加工不要）。
- 加工点温度が低いため，熱的加工変質が生じない。
- ニアネットシェイプ加工であり，手仕上げはほとんど不要。
- 工具費が削減可能で，固定ジグ類も少なくて済む。

その一方で，以下の欠点があることに留意する必要がある。

- 切削加工と比較して材料除去速度が遅い。
- 角部などスキャン速度が遅い所で加工精度が低下する。
- 砥粒は再利用できない。
- 加工スラッジ（使用後の砥粒，切りくずの混合物）の処理が厄介である。
- 砥粒やノズルなどの消耗品コストがかかる。
- 加工面にテーパが発生し加工精度が低下することがある。

演 習 問 題

【1】 ウォータジェット加工に用いられる高圧ポンプの原理について，渦巻きポンプなどと比較して説明しなさい。

【2】 ウォータジェット加工とアブレイシブジェット加工の共通点と相違点について説明しなさい。

【3】 アブレイシブジェット加工に用いる砥粒の材質や種類について説明しなさい。

【4】 航空機構造材として多用されるCFRP（炭素繊維強化樹脂）の加工に，アブレイシブジェット加工が用いられる理由について説明しなさい。

【5】 ウォータジェット加工が，ゴムや布のような軟質材の切断加工に適している理由について考察しなさい。

【6】 アブレイシブジェットをコンクリート構造物の解体に適用する利点について説明しなさい。

13 フォトファブリケーション

超精密半導体デバイス作製技術である**リソグラフィ技術**[1]（lithography）を利用し，微細加工部品を加工する方法として，**フォトファブリケーション技術**（photofabrication，光造影）が重要な位置を占めている。この技術は，平面図形を加工材料の表面に描かせる**光露光技術**（optical lisography）を使った**フォトエッチング技術**（photoetching process）および**フォトエレクトロフォーミング技術**（photoelectroforming process）を使用するものである。

フォトエッチングは写真製版技術と化学エッチング，電解エッチングを使う方法で，エレクトロフォーミングは写真製版技術と電解めっき，無電解めっきを使い行う。いずれも，描いた図形形状から金属や高分子樹脂材料に対して，化学的手法で数百 μm 以下の三次元形状物を高い寸法形状の穴やアスペクト比の高い溝加工を，加工変質層や加工ひずみがない状態で製作できる特徴がある。

13.1 フォトリソグラフィ

フォトリソグラフィ（photolithography）は，半導体デバイスや MEMS（micro electro-mechanical system）などのプロセスで利用されている。微細な加工が行える技術で，写真の印写技術に類似している。この方法は，**図 13.1** に示すように，マスク作製，露光，現像プロセスで行う。

シリコン基盤を 1 000 ℃ 程度に加熱して酸化シリコン層を形成させた後，この上に**フォトレジスト**（photoresist）と呼ばれる感光性樹脂を均一に塗布した薄膜を載せ乾燥させる。つぎに，この上方に図形（パターン）であるフォトマスクを置き，上部から形状精度を高めるために，最近は KrF（波長：248 nm）

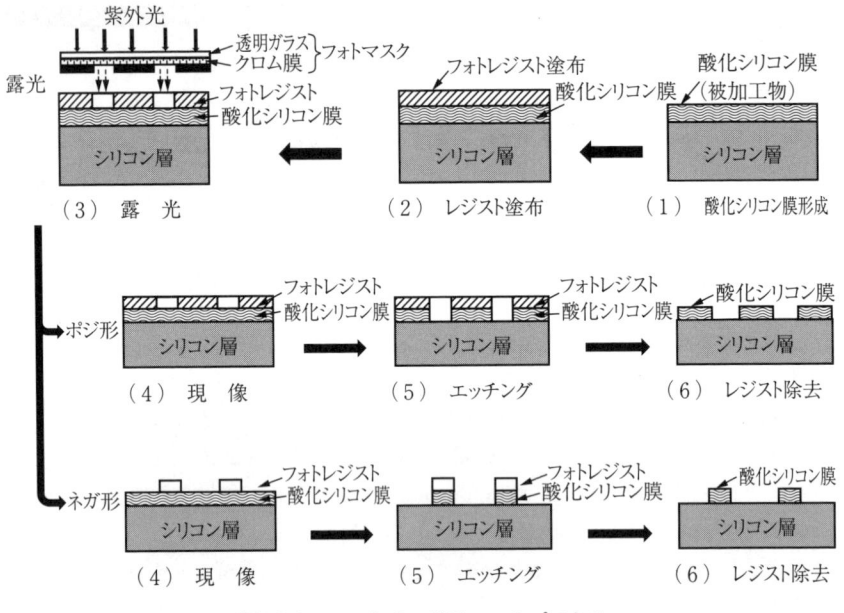

図 13.1 フォトリソグラフィのプロセス

や ArF（波長：193 nm）などの波長の短いエキシマレーザを使い，フォトマスクに対して照射してフォトレジストを感光させる。その後，フッ化水素水溶液を使いフォトレジストを洗浄・除去して図形（パターン）を現像する。

　この図形（パターン）の作製には，フォトレジストの感光部が残る**ポジ形** (positive pattern) と感光をしない部分が残る**ネガ形** (negative pattern) の2種類がある。

13.2　露　光　技　術

リソグラフィにおける露光技術は，パターンの微細化や高精度寸法形状，高生産性などを求めて，従来からの紫外光のほかに電子ビームを用いて**ウェーハ** (wafer) に直接パターンを形成する描画技術や，X線を使い露光するX線露光技術などが開発され実用化されている。広く用いられている光露光法として

13.2 露光技術

は，**図13.2**で示すレンズを使用する結像方法がある。

この結像光学系の投影露光方式では，解像度と焦点深度は式 (13.1) および式 (13.2) の関係として Rayleigh Criterion の式[2]が用いられている。ただし，結像光学解像度 R，焦点深度 F，露光光波長 λ，レンズの開口数 M，プロセスパラメータを α_1 (一般的には $\alpha_1 : 0.5 \sim 0.8$)[5] とする。

$$R = \frac{\alpha_1 \cdot \lambda}{M} \quad (13.1)$$

$$F = \pm \frac{\lambda}{2M^2} \quad (13.2)$$

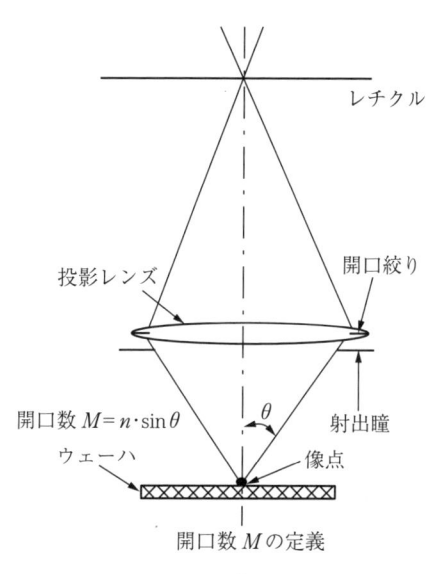

図13.2 レンズを使用する結像方法と開口数

なお，密着露光の場合，式 (13.3) となる。ただし，マスク-ウェーハ間ギャップ g，レジスト材などプロセスに依存する定数 κ (一般的には $\lambda 0.8$) とする。

$$R = \kappa \cdot \sqrt{\left(\frac{\lambda g}{2}\right)} \quad (13.3)$$

すなわち，図形の微細化を行うには式 (13.1) から，露光光波長 λ に短波長光を使い，レンズの開口数 M の大きなレンズを使用することが有利となる。しかし開口数の大きなレンズでは焦点深度 F が開口数 M の2乗で浅くなるため，**図13.3**[3] で示すように，g線からi線へさらにエキシマレーザへ

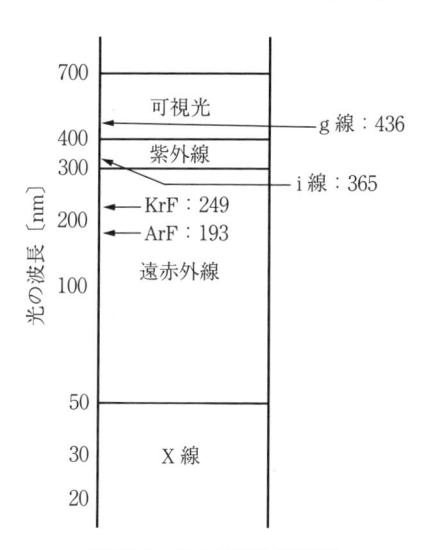

図13.3 光の波長利用範囲

と使用する波長範囲[6]がより短い領域へと進んでいる。

一方，**電子ビーム**（electron beam）の場合の波長λは電子ビームの加速度電圧 V〔eV〕とすると，式（13.4）となる。

$$\lambda = \sqrt{\frac{1.5}{V}} \text{〔nm〕} \tag{13.4}$$

したがって，光の波長に比べて短くなるため微細化に十分対応できる。

13.3 エッチング

エッチング（etching）は，フォトレジストに覆われていない表層部を除去する方法である。**湿式エッチング**（wet etching）は，強酸や強アルカリなどの液剤による純粋な酸化還元反応を利用するため，液剤に接触している場所では，液面に対して垂直方向，すなわち等方的に浸食が進む。この現象を踏まえ**等方性エッチング**（isotropic etching）とも呼ばれるが，このエッチング法の問題点は，フォトレジスト下側の位置でエッチングが極端に進行する**アンダーカット**（under cutting），あるいは**サイドエッジ**と呼ばれる現象が起きることである。エッチングがある深さに達したときのこの深さを D とする，レジスト膜開孔部の長さ L_1，エッチングされた長さ L_0，アンダーカットの長さ WL とすると，エッジファクタ EF の量は式（13.5）で表される。

$$EF = \frac{2D}{L_0 - L_1} = \frac{D}{WL} \tag{13.5}$$

このエッジファクタは加工素材や使用するエッチング液の種類，エッチング条件などにより異なるが，一般的には $1.30 \sim 2.50$ の範囲[4]にある。

一方，乾式エッチングには**プラズマエッチング**（plasma etching），**スパッタエッチング**（sputter etching），さらにこの複合形である**反応性イオンエッチング**（reactive-ion etching）などがある。いずれも高エネルギー粒子を利用する方法で，特徴としてエッチングが深さ方向のみに起きる。このエッチングを**異方性エッチング**（anisotropic etching）と呼び，用語的には等方性エッチン

グと対比の形となっている。
　等方性エッチングと異方性エッチングを**図 13.4**に示す。

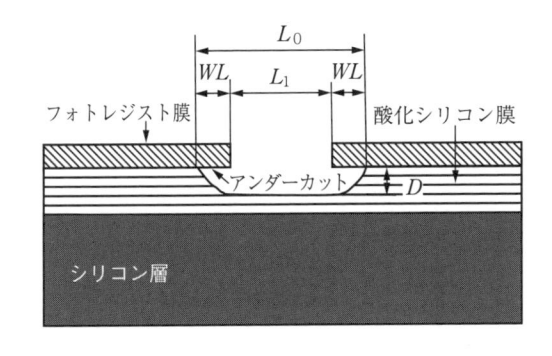

（a）等方性エッチング

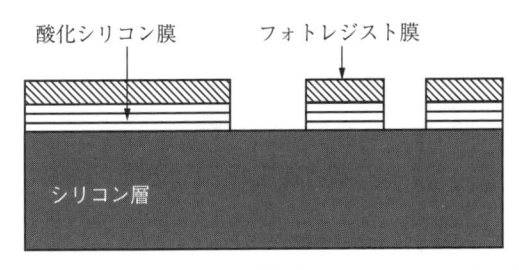

（b）異方性エッチング

図 13.4　エッチング

13.4　フォトエレクトロフォーミング

　フォトエレクトロフォーミング法（photoelectoforming process）は**写真製版法**（photomechanical process）と電気めっきまたは無電解めっきを活用した技術である。**電鋳**（electroforming）として，古くはレコード原盤製作に利用されているほか，紡糸用ノズルや印刷用電胎版などの製作法に用いられている。
　この技術の特徴はめっきによる析出金属を製品製作に適応するもので，製品の材質は電析という金属イオンを陰極に電着させることで被処理液から除去する方法が可能な材料に限定される。工業的には，銅やニッケルが利用されており，型からの分離が適切に行えるために，高い密着性が必要とする通常の電解

めっきでは行わない剝離用皮膜処理を行う点に特徴がある。

母型に剝離被膜処理した後，金属塩浴で電析させ，析出金属層を母型から離脱させる方法。または，母型を溶融除去させて，母型と表面の凹凸が逆の製品を得て，さらにこの製品の裏面側に剝離被膜処理を施し，再度金属を析出させて母型と同じ型を得る方法など，幾つか用いられている。図 13.5 に製作工程[4])を示す。

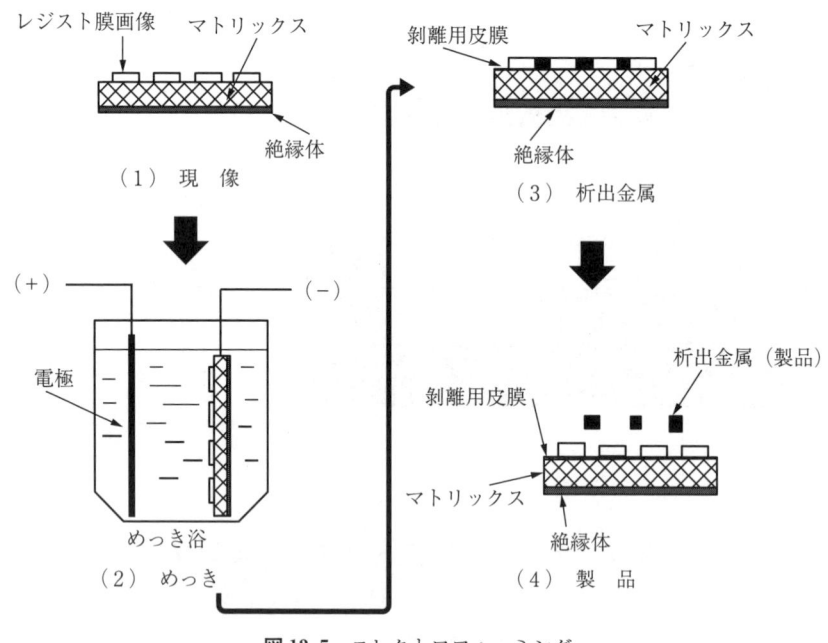

図 13.5 エレクトロフォーミング

演 習 問 題

【1】 異方性エッチングの特徴を説明しなさい。

【2】 アンダーカットが発生する理由を説明しなさい。

【3】 光露光としてレンズを使用する結像法がある。この加工法の特徴を説明しなさい。

14 機械加工の経済性

生産システム (Manufacturing system)[1] の中でものづくりが行われる。生産システムを構成する要素は多岐にわたり，それぞれの技術が複雑に関連し，融合しながら成り立っている。ものづくりにより生まれた製品や部品には，原材料から素材成形，加工，組立，検査，納品となる一次的工程と，計画，設計，管理などの二次的工程までじつに多くを経て完成する。

中でも機械加工は，形状精度や表面性状など製品の品位を直接的に支配するほか，加工費用を左右する重要な位置にある。機械加工における経済的効果を的確に把握することは，ものづくりにおける加工の最適化を図るうえで必要となる。

14.1 切削加工費

切削加工の経済性[2]を検討するとは1個の加工品に対する加工原価を知ることであり，**切削加工費** (machining cost)[3] はつぎの5要素で構成されている。

（1） **段取り費** (plan cost)　　直接的な生産に寄与しない時間で工作物の脱着や計測など間接作業にかかる費用。

（2） **正味切削費** (machining time)　　切りくずを排出する状態での時間費用で切削速度と送り量の関数。

（3） **工具交換費** (tool exchange cost)　　工具やスローアウェイチップの脱着にかかる時間，切削速度が速くなると，工具寿命時間も短くなるので工具交換頻度が多くなる。その結果，費用が増加する。

（4） **工具再研磨費** (tool regrinding cost)　　工具廃却まで再研磨を行った

費用．

（5） **工具費**（tool cost）　1切れ刃にかかる費用．

したがって，単純に（1）から（5）までの総和が切削加工費となる．一方，この5要素には**図14.1**[4]で示すような関係があり，切削速度が増加すると実切削にかかる時間と費用は減少する．しかし工具にかかる時間と費用は増加する．したがって，最も切削加工費用を小さくするには，最適な切削速度を選択する必要がある．

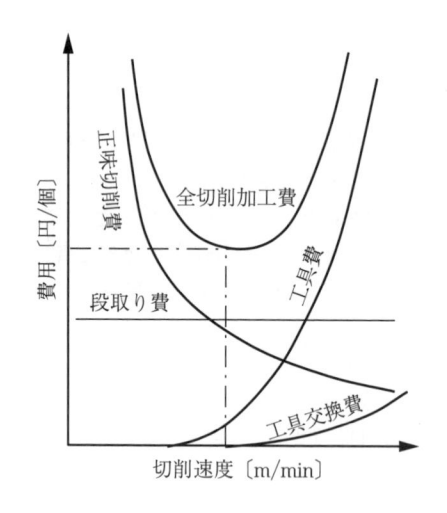

図14.1 切削加工費にかかる因子

14.2　工作機械の導入評価

機械加工を行う場合，重要な位置を占めるのが工作機械である．工作機械は汎用機，専用機をはじめとして数値制御をもつ高機能型など，多くの種類がある．ものづくりによっては，新たに工作機械を導入しなければならない状況が起きる．しかし，工作機械は総じて高価格であり購入によって完全に採算が採れるか的確に把握することは，重要な評価項目である．

工作機械に対する採算評価を知るには，現在価値法の**年金現価係数**（pension cost coefficient）（将来の目標額から現在の必要資金を算出する場合

に用いる）を用いた導入評価式を利用することで算出できる．工作機械購入金額 M_1，減価償却 R，耐用年数 n，利子率 i，年金現価係数 K_p とした場合，導入評価を求めると式 (14.1) となる．

$$M_1 = R \cdot \left\{ \frac{(1+i)^n - 1}{(1+i)^n \cdot i} \right\} \tag{14.1}$$

ただし，$\left\{ \dfrac{(1+i)^n - 1}{(1+i)^n \cdot i} \right\}$ の項は年金現価係数 K_p である．

したがって，式 (14.2) に書き改められる．

$$M_1 = R \cdot K_p \tag{14.2}$$

表 14.1 の年金現価係数表を利用することで，比較的簡便に導入評価が求められる．

表 14.1 年金現価係数表

年利[%] 年	1	3	5	8	10
1	0.990 1	0.970 9	0.952 4	0.925 9	0.909 1
2	1.970 4	1.913 5	1.859 4	1.783 3	1.735 5
3	2.941	2.828 6	2.723 2	2.577 1	2.486 9
4	3.902	3.717 1	3.546	3.312 1	3.169 9
5	4.853 4	4.579 4	4.329 5	3.992 7	3.790 8
6	5.795 5	5.471 2	5.075 7	4.622 9	4.355 3
7	6.728 2	6.230 3	5.786 4	5.206 4	4.868 4
8	7.651 7	7.019 7	6.463 2	5.746 6	5.334 9
9	8.566	7.786 1	7.107 8	6.246 9	5.759
10	9.471 3	8.530 2	7.721 7	6.710 1	6.144 6

14.3 損益分岐

現場で新たに工作機械を導入する場合，加工物が求める形状精度や粗さなどの品位に対して，十分な対応が可能となる技術的側面が最優先される．一般的には 2 機種，あるいはそれ以上の機種をもって性能や機能を比較検討する．

14. 機械加工の経済性

　一方，技術的な側面のほかに経済的な視点での判断も重要な位置を占める。特に新しく工作機械を導入して，利益が確保できるか否かを判断することは必要不可欠な事項で，その役割として**損益分岐**を求める必要がある。特に**損益分岐点**は売上高とそれに必要な経費が全く同じで，損失も利益も出ない状態の2つの直線が交差する場所を示すもので，この位置を分岐点として扱う。

　企業が安定して経営維持できるためには，この分岐点以上の売上高金額を得る黒字経営となる必要がある。すなわち，損益分岐点P，固定費K，変動費F，売上高G，利益H，限界利益M，荒利益Zとすると，損益分岐点Pは式(14.3)となる。

$$損益分岐点\, P = \frac{固定費\, K}{\left[1 - \left(\dfrac{変動費\, F}{売上高\, G}\right)\right]} \tag{14.3}$$

　なお，限界利益 M ＝ 売上高 G － 変動費 F
　　　　　　　　　　＝ 固定費 K ＋ 利益 H
　　　　　　　　　　＝ 荒利益 Z

でもある。損益分岐点を把握する簡便法として正方形図による作図法[5]がある。これを**図14.2**に示す。

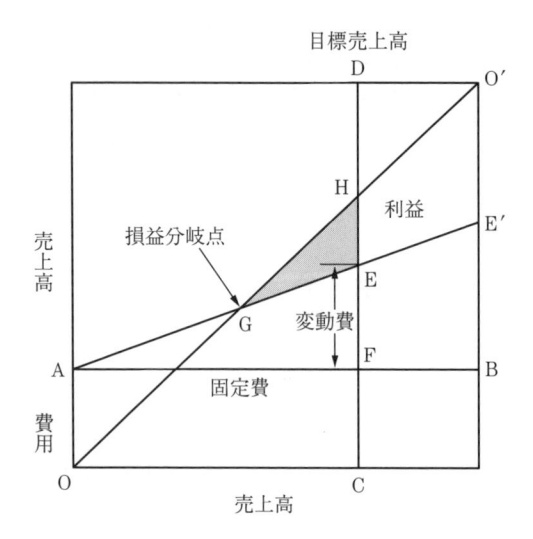

図14.2 損益分岐点

立軸方向（Y軸）に「売上高金額・費用」の項目を取り，横軸方向（X軸）に「売上高」の項目を取り，企業に適した数値（金額）をY軸，X軸にそれぞれ設定する。つぎに「売上高・費用」と「売上高」の両軸原点Oから45度の斜線OO′を描き正方形を2分割する。「固定費」の金額を「売上高・費用」を示すY軸上（点A）に取る。この点Aの位置から「売上高」を示したX軸と並行する直線（線AB）を引く。つぎに「目標売上高」の金額を「売上高」のX軸上に設定（点C）する。この点Cの位置から「売上高・費用」を示すY軸と並行な直線（線CD）を引き「売上高線」を示す45度の直線との交点（点H）を求める。基本となる「売上高・費用」に加えて目標売上高を達成するうえで必要不可欠な費用を「変動費用」として設定した金額（点E）を線CD上に取る。最後に売上高・費用を示すY軸上の点Aと点Eを結ぶ線分を取り線OHと交差する点を求める。この点が損益分岐点（点G）である。したがって，点Gから始まるGEHの範囲にあれば利益が確保されておりその金額が点Eに一致すれば目標売上高を得たことになる。

　なお，算出式では材料費などの変動費率M_H，人件費などの固定費S_c，諸経費E_c，利益P_rとすれば，1カ月の目標売上高S_oは，以下の式により求まる。

$$S_o = \frac{S_c + P_r}{1 - M_H} \tag{14.4}$$

演 習 問 題

【1】 1カ月の目標売上高S_oを設定したい。材料費などの変動費率M_Hを15％，固定費S_cとして人件費30万円，諸経費E_c 15万円の合計45万円で利益P_r 20万円を得るとすればいくらになるか。

【2】 減価償却300万円，耐用年数5年，利子年率8％の条件で購入できる工作機械の最大価格を求めなさい。ただし年金現価係数は3.993とする。

引用・参考文献

1章~6章

1) 日本機械工作連合会,日本工作機械工業会 編：工作機械設計マニュアル（工作機械の設計学基礎編），pp.7 ~ 8（1998）
2) 長尾克子：工作機械技術の変遷,日刊工業新聞社,p.319（2002）
3) 伊東 誼,森脇俊道：工作機械工学（改訂版），機械系大学講義シリーズ,コロナ社,p.24（2004）
4) 職業能力開発大学校研修研究センター 編：工作機械法,p.66（1994）
5) 佐久間敬三ほか：ドリル・リーマ加工マニュアル,大河出版,p.98（1992）
6) 不二越 編：NACHI ハイスハンドブック,p.5（1982）
7) JIS B4313：2002：高速度工具鋼ドリル技術仕様，High − speed steel two-flute twist（9）drills—Technical specifications
8) M.C. Show：Metal cutting principles, Oxford Science Publications（1997）
9) 竹山秀彦：切削加工,大学講義,丸善（1980）
10) 臼井英治：切削・研削加工学（上），（下），共立出版（1971）
11) 中島利勝,鳴瀧則彦：機械加工学,機械系大学講義シリーズ,コロナ社（1983）
12) 杉田忠彰,上田完次,稲村豊四郎：基礎切削加工学,加工学基礎,共立出版（1984）
13) L.V. Colwell：Trans.ASME, **76**, 199（1954）
14) 中山一雄,上原邦雄：新版機械加工,朝倉書店,p.85（1997）
15) 大越 諄：理研彙報,12輯9号（1933）

7章

1) 安永暢男：はじめての研磨加工,東京電機大学出版局（2011）
2) 砥粒加工学会 編：図解 砥粒加工技術のすべて,森北出版（2011）
3) 三和茂樹：機械加工における周辺技術と環境影響の低減, NACHI Technical Report, Vol. 16A2,株式会社不二越（2008）
4) S. Kalpakjian and S. R. Schmid：Manufacturing Engineering and Technology

Sixth Edition, Prentice Hall（2010）
5） 磨き屋シンジケートホームページ：www.migaki.com，新潟県燕市商工会議所（2014）

8 章
1） 超音波工業会 編：はじめての超音波，工業調査会（2004）
2） 編集委員会・超音波工業会 共編：超音波用語事典，工業調査会（2005）
3） 藤森聰雄：やさしい超音波の応用，エレクトロニクス選書，秋葉出版（1986）
4） 電子情報技術産業協会 編：超音波工学，コロナ社（1993）
5） 島川正憲：超音波工学―理論と実際，工業調査会（1975）
6） 井上 潔：新しい金属加工法―高エネルギー密度加工法のすべて，未踏加工技術協会（1978）
7） 海野邦昭：ファインセラミックスの高能率機械加工，日刊工業新聞社（1986）
8） マイクロ加工技術編集委員会 編：マイクロ加工技術，日刊工業新聞社（1977）
9） 古閑伸裕，神 雅彦，竹内貞雄ほか：生産加工入門，コロナ社（2009）
10） 隈部淳一郎：精密加工振動切削―基礎と応用，実教出版（1979）
11） 日本機械学会 編：加工学Ⅰ，除去加工，日本機械学会（2006）

9 章
1） 河津秀俊，後藤昭弘，鈴木俊雄，今井祥人：使いこなす放電加工（現場の即戦力），技術評論社（2010）
2） 山崎 実，鈴木岳美：現場で役立つモノづくりのための放電加工，日刊工業新聞社（2007）
3） 小林春洋：絵とき「放電技術」基礎のきそ，日刊工業新聞社（2007）
4） 落合宏行，渡辺光敏，荒井幹也，吉澤廣喜，齋藤吉之：石川島播磨技報 第45巻第2号，平成17年6月号，pp.72～79.
5） 佐藤敏一：特殊加工，養賢堂（1994）

10 章
1） レーザ学会編（委員長）難波 進：レーザプロセッシング，日経技術図書（1990）
2） 井上 潔：新しい金属加工法―高エネルギー密度加工法のすべて，未踏加工技術協会，p.76（1983）
3） 宮崎俊行，村川正夫，宮沢 肇，吉岡俊朗：レーザ加工技術，産業図書（1991）

4） 先端加工技術研究会 編，超生産加工技術への挑戦―先端加工のすべて，工業調査会，p.29（1984）
5） 川澄博通：レーザ加工技術，日刊工業新聞社（1985）
6） 日本機械学会 編：加工学Ⅰ，除去加工，日本機械学会（2006）
7） 谷口紀男：ナノテクノロジの基礎と応用，超精密・超微細加工とエネルギビーム加工，工業調査会（1988）
8） レーザ協会 編，嶋田隆司：レーザ応用技術ハンドブック，朝倉書店（1984）
9） 小林　昭：レーザ加工（続），開発社（1980）

11 章

1） 朝倉健二，橋本文雄：機械工作法（1），共立出版（1995）
2） 古閑伸裕，神　雅彦，竹内貞雄ほか：生産加工入門，コロナ社（2009）
3） 安永暢男，高木純一郎：精密機械加工の原理，日刊工業新聞社（2011）
4） 平尾　孝，三小田真彬，新田恒治，早川　茂：イオン工学技術の基礎と応用，工業調査会（1992）
5） 平坂雅男，朝倉健太郎 編：電子顕微鏡研究者のためのFIB・イオンミリング技法Q&A，アグネ承風社（2002）

12 章

1） 日本ウォータージェット学会 編：ウォータージェット技術事典，丸善（1993）
2） 砥粒加工学会 編：図解 砥粒加工技術のすべて，森北出版（2011）
3） David E. Swanson, Collimated abrasive water-jet behavior, University of Michigan Library（1989）
4） スギノマシン：http://www.sugino.com（2014）
5） Flow International Corporation：http://www.flowwaterjet.com（2014）
6） Alfred Kärcher GmbH & Co. KG：http://www.karcher.com（2014）

13 章

1） 日本機械学会 編：加工学Ⅰ，除去加工，日本機械学会，p.122（2006）
2） H.H. Hopkins：On the Diffraction Theory of Optical Images, Proc. Roy.Soc. London. a217, 408（1953）
3） 日本機械学会 編：超精密加工技術，超精密シリーズ，コロナ社，p.133（1998）
4） マイクロ加工技術編集委員会 編：マイクロ加工技術（第2版），日刊工業新聞社，p.107, p.117（1988）

5) M.Tipton, V.Marriott and G.Fuller：Practical i-line lithography, 24/SPIE, Vol.633, Optical Microlithography（1986）
6) マイクロ加工技術編集委員会 編：マイクロ加工技術（第2版），日刊工業新聞社，p.216（1988）

14 章
1) 上田忠彰，上田完次，稲村豊四郎：基礎切削加工学，共立出版，p.232（1984）
2) Milton C. Shaw：Metal Cutting Principles, Oxford science Publications, p.579（1984）
3) 伊藤哲朗：鉛快削鋼の被削性，博士学位論文，p.236（1969）
4) 竹山秀彦：切削加工，丸善，p.172（1980）
5) 鈴木節男：特殊鋼加工技術実務研修書実務 編，全日本特殊鋼流通協会，p.193（2004）

演習問題解答

1 章

【1】 旋盤は，1台でねじ切り加工，中ぐり加工，テーパ加工，球面加工などができるほか，非対称形状物の加工や偏心軸加工などの特殊な加工も行える万能な工作機械である。

【2】 立軸形と横軸形では，主軸の取付く位置と本体コラムの形状に違いがある。立軸形は，主軸が作業台に対して垂直方向に配置され，工具中心軸が垂直な状態となる。また主軸の支持方法など，構造的に横軸形と比べて優れた剛性を有する。一方，横軸形は本体コラムから垂直にせり出したオーバアームが主軸を支える構造で，工具は作業台に対して水平となる状態で装着され軸回転する。

【3】 NC形工作機械は人の頭脳の代用となる大容量の記憶メモリを有する記憶装置を備え，数多くの工具を備えた工具ホルダをもち，プログラミングに従い加工に適した工具を選択しながら高い精度で複雑形状物の加工が行える。一方，汎用形工作機械は，作業者により操作されて，加工が行われる。しばしば作業者の熟練度により加工精度が左右される問題が起きる。

2 章

【1】 高速度鋼は鋼系素材で基本的な組成としてCを0.8％前後含有し，そのほかにWを17～20％，Crを最大4％，Vを1～2％程度含有する。組成成分の含有率を変えた種類がJISにより規定されている。特徴としては，靭性が高く，耐熱性にも優れていることから，ドリル，歯車などの素材として利用されている。

　超硬工具は，焼結金属ともいわれ，基本的にはWの炭化物WCを微粉末にしてCo微粉末を結合剤に使い，焼結された材料である。TiCやTaCを混合する工具もある。耐熱性と耐摩耗性に優れており，高速用切削工具として利用されている。

【2】 Al_2O_3 や Si_3N_4 などを主成分とする材料で，サーメット材より硬度で耐熱性に優れている点を生かし，高速切削用工具として利用されている。なお，靭性と曲げ強度にやや劣る点がある。

【3】 刃先形状がストレート形では，溝切加工やトリミング加工などに利用されてい

る。ボール形状では，自由曲面を作ることができるので金型加工などで利用されている。

【4】 ねじれ溝の機能は，切りくずの排出性を促進させることと，切削油剤を導入する役割を担っている。

3 章

【1】 切削所要動力〔kW〕P (net) を求める。切削抵抗の主分力 F_p は 4 kN，切削速度 V は 120 m/min，旋盤の機械効率 $\eta : 0.75$ であるから

$$P\text{(net)} = \frac{F_p \times V}{60 \times \eta}\text{ の式を使う。}$$

$$= \frac{4 \times 120}{60 \times 0.75}$$

$$\fallingdotseq 10.7 \text{ kW}$$

【2】 送り量 $f : 0.5$ mm，工具のノーズ半径 $r : 0.4$ mm であるから，理論最大粗さを求める式を使う。

$$R_z \text{ (theoretical)} = \frac{f^2}{8 \cdot r}\text{ の式より}$$

$$= \frac{0.5^2}{8 \times 0.4}$$

$$\fallingdotseq 0.078 \text{ μm}$$

【3】 外径 $D : 80$ mm の材料を旋削加工する。切削速度 $V : 160$ m/min とする場合の主軸回転数 N は以下で求まる。

$$N = \frac{1\,000 \cdot V}{\pi \cdot D}\text{ の式より}$$

$$= \frac{1\,000 \times 160}{80 \cdot \pi}$$

$$\fallingdotseq 637 \text{ min}^{-1}$$

【4】 切削速度 $V : 100$ m/min，旋盤の機械効率 $\eta : 0.75$，切削所要動力 P (net) : 2.22 kW における切削抵抗主分力 F_p は切削所要動力を求める式より

$$P\text{(net)} = \frac{F_p \times V}{60 \times \eta}\text{ の式を変形し}$$

$$F = 60\,\eta \cdot \frac{P}{V}\text{ の式として}$$

$$= 60 \times 0.75 \times \frac{2.22}{100} = 0.999 \text{ kN}$$

$$\fallingdotseq 1 \text{ kN}$$

4 章

【1】 主軸回転数 $N:800\,\mathrm{min}^{-1}$, カッタ刃数 $Z:8$ 枚, テーブル送り量 $V_f:400\,\mathrm{mm/min}$, 1刃当りの送り量 S は次式で求まる.

$$S = \frac{V_f}{Z \cdot N} \text{ より}$$

$$= \frac{400}{8 \times 800}$$

$$= 0.0625$$

$$\fallingdotseq 0.063\,\mathrm{mm/tooth}$$

【2】 ドリル直径 $D:12\,\mathrm{mm}$, 主軸回転数 $N:2\,300\,\mathrm{min}^{-1}$ での最大切削速度は

$$V = \frac{\pi \cdot D \cdot N}{1\,000} \text{ より}$$

$$= \frac{3.14 \times 12 \times 2\,300}{1\,000}$$

$$= 86.664$$

$$\fallingdotseq 86.7\,\mathrm{m/min}$$

【3】 加工長さ $L:600\,\mathrm{mm}$, カッタ刃数 $Z:6$ 枚, 主軸回転数 $N:1\,850\,\mathrm{min}^{-1}$, 1刃当りの送り量 $f:0.05\,\mathrm{mm/tooth}$ での加工時間 T は次式により求まる.

$$T\,[\mathrm{s}] = \frac{60 \cdot L}{f \cdot Z \cdot N} \text{ より}$$

$$= \frac{60 \times 600}{0.05 \times 6 \times 1\,850}$$

$$= 64.86\,\mathrm{s}$$

$$\fallingdotseq 65\,\mathrm{s}$$

5 章

【1】 ドリルは円柱状で一様な断面とする. ドリル突出し長さを L, 先端部で横から受ける荷重を F_s とする. ドリルを主軸に装着した状態を片持ち支持とすると, ドリル先端部でのたわみ量 δ はつぎの式 (5.1) の関係となる.

$$\delta = \frac{F_s \cdot L^3}{3E \cdot I} \tag{5.1}$$

【2】 ガンドリルが汎用ドリルより優れている点は, 深穴加工ができ, 曲がりが少なく, 高い加工形状精度が得られることである. その理由として, 切りくずの排出効果が高く, 切削油剤の導入に優れていることが挙げられる.

【3】 このドリルは切削油剤を穴壁とドリルの間隙から供給されて, ドリル中央にあ

る穴から切削油剤と切りくずが混合して排出される。基本的には大口径の穴加工用工具として利用され，ガンドリルより高速重切削向きである。

6 章

【1】送り量 f : 0.2 mm，切りくず厚さ L_0 : 0.32 mm で二次元切削状態での切削比 r_c を考えるとする。

$$r_c = \frac{f}{L_0}$$ より

$$= \frac{0.2}{0.32}$$

$$= 0.625$$

【2】二次元切削で，せん断角 ϕ が 23°，摩擦角 β が 20°，工具すくい角 α が 6°，切込み量 f が 1.5 mm の場合，理論的切りくず接触長さ L_0 はつぎの式（6.6）より求まる。

$$L_0 = \frac{f \cdot \sin(\phi + \beta - \alpha)}{\sin \phi \cdot \cos \beta}$$ より

$$= \frac{1.5 \cdot \sin(23 + 20 - 6)}{\sin 23 \cdot \cos 20}$$

$$= 2.4570$$

$$\fallingdotseq 2.46 \text{ mm}$$

【3】刃先丸み半径 r が 0.8 mm，送り量 f が 0.18 での理論最大粗さ R_{max} はつぎのようになる。

$$R_{max} = \frac{f^2}{8 \cdot r}$$ より

$$= \frac{0.18^2}{8 \times 0.8}$$

$$= 5.062 \times 10^{-3} \text{ mm}$$

【4】切削加工温度上昇は工具の軟化や酸化を招き，工具すくい面や逃げ面に激しい摩耗を伴い，工具寿命へ大きく影響を及ぼす。また，被加工材に対しては，寸法精度や加工表面性状に影響を与える。

7 章

【1】切削加工は多くの材料の粗加工，中仕上げ加工に使用されるが，焼入れ鋼をはじめとする高硬度材料加工では工具寿命が短い欠点ある。研削加工は，あらかじめ切削加工で中仕上げ加工された被加工材料の寸法精度や表面粗さを向上させる

ために用いられ，硬質材をはじめとするあらゆる材料の除去加工に適用可能である。ただし，加工速度は切削加工と比較して小さく生産性が低い欠点があるため，近年では切削加工の精度を上げて研削加工を省略するような工程設計が採用される傾向がある。

【2】 砥石には除去加工を行うための砥粒，砥粒を保持し砥石の形状を維持するための結合材，そして切りくずのはけを良好に保ち，摩耗した砥粒の脱落を促す空孔の3要素があり，良好な研削を行うためにはこれらの要素のバランスが取れていることが必要である。

【3】 自動車用のエンジンや動力伝達用部品，サスペンションなどには多くの可動部があり，特に金属面同士が直接接触する摺動面には，がたつきによる振動や騒音の発生防止，低摩擦などの観点から切削加工で得られるよりも高い加工精度，表面粗さが要求され，研削加工による仕上げが用いられている。

【4】 ゴムは軟質で外力に対して容易に弾性変形するため，研削加工には背分力が少なく切れ味が良好なゴム専用の砥石を用いるとよい。また，木材については木目方向に繊維細胞組織が走行している（木理という）ので，これに平行になるように研削を行うと，繊維細胞が毛羽立たずに良好な研削を行うことができる。

【5】 切削加工の加工精度および表面仕上げを研削と同程度に改善するためには，工作機械の運動精度や剛性の改善，切削工具の切れ味向上，高硬度材加工でも摩耗が少ない工具材種の開発など必要な技術は多岐にわたり，これらの技術が高次にバランスして初めて研削加工を切削加工に置換できると考えられる。

【6】 図7.1に示すように，回転軸の先端に砥粒を供給しながら勾玉上面に押し当てることで，砥粒が材料表面を削り取って穴加工が実現できる。図のような簡単な道具を利用すると容易に高速回転を得られるため，加工時間を短縮できる。実際の勾玉の中には滑石のような軟質鉱物でできているもあり，こちらの穴開けは比較的容易だったと思われる。

【7】 生産現場での研磨加工では，複雑な形状をもつ材料表面が均一に光沢をもつように作業者が研磨の状態を確認しながら作業を行っている。作業者の手や身体の動きをロボットで再現することは比較的容易である反面，現状では研磨状態を自動的に判断するための適切な方法がなく，完全ロボット化の阻害要因となっている。

8 章

【1】 仕上げ面粗さは，使用する砥粒子径とほぼ比例の関係が成り立ち，粒子径が小さいほど仕上げ面粗さは小さくなる。

【2】 超音波により発生する衝撃加工力が加工力と重畳する状態になり，加工が増

加する。さらに砥石の自生作用効果が高まるほか，研削液の侵入性や切りくずの排出性を高める。

【3】 振動により工具が前後の動きを繰り返す。工具が後退した瞬間に，切削油剤の回り込み作用が働き，潤滑効果と冷却効果が促進され，切削加工温度と切削抵抗力が減少し，加工変質層がきわめて低くなる加工変質層ができにくい。

9 章

【1】 両者ともに放電のエネルギーによって材料を溶融させるという意味で共通しているが，アーク溶接では連続的に大きな熱エネルギーを材料に与えて比較的広い領域を溶融させて材料接合を行うのに対し，放電加工では放電電流持続時間が数 μs と短いため，1回の放電による溶融領域はアーク溶接のビード部と比較して格段に小さく（直径，深さとも数十 μm 程度），この領域を加工液の気化爆発で除去するため材料の精密除去加工が行えるという点で両者は異なっている。

【2】 直径が小さく深い穴加工や，同様に幅が狭く深い溝加工，鋭い角部（ピン角）をもつポケット加工はいずれも切削加工が困難であり，それぞれ放電加工が多用される。また焼入れ鋼や超硬のような切削工具に匹敵するような高硬度材料や，アルミニウムの焼きなまし材のような極端な軟質材料は切削加工には不向きであり，それぞれ切削以外の加工法が適用されることが多い。

【3】 放電現象は絶縁体中で起きるため，放電加工液には絶縁性の油や純水が用いられる。放電加工液には加工くずの排出効果のほか，加工部の冷却効果などが求められる。一方電解加工は電解液の電気伝導を利用して金属をイオン溶出させるため，加工液には塩化ナトリウムや硝酸ナトリウムなどの水溶液を用いる。

【4】 放電加工は材料の溶融によって除去加工を行うため，加工後の材料表面は溶融凝固による脆化層（白層）を生じやすく，しばしば微細なクラックが生じていることがある。これらは機械部品の疲労強度低下の原因となることから，二次的な加工を加えて除去する必要がある。

【5】 ワイヤ放電加工では放電ワイヤの断線による機械停止を最小限にするためにワイヤの自動結線装置が装備されているほか，大きい素材から複数個の部品の切出しを行う場合，部品の輪郭線が素材端面に接触していなくても加工が開始できるように，放電ワイヤを通す穴を自動で加工する機能（ウォータジェット式）をもつものがある。これらを活用すると長時間無人運転による生産性向上が可能である。

【6】 電解加工では金属をイオン溶出させるため，加工液中に材料由来の各種重金属イオンが含まれている。中でもクロム（Cr）について，自然界に存在する 3 価イオン（Cr^{3+}）は安全性が高い一方，六価クロム（Cr^{6+}）はきわめて毒性が強

く，工作機械から加工液が漏出して工場地下に浸透した場合には，工場周辺の土壌や地下水の汚染といった環境問題が懸念される。

【7】 電解加工の材料除去量は電解液に流す電流量に比例する。そこで，加工を高速に行うためには加工電流を増大すればよい。ただし，加工電流を増大すると電極や電解液での抵抗発熱（ジュール熱）の影響が考えられるため，適切な方法で電解液を冷却する必要がある。

10 章

【1】 ルビーなどの単結晶ロッドに対して，トリガー電源からの供給で光によるポンピング作用を行う。その結果，外部エネルギーで励起状態に達することで，誘導放出現象を起す。特徴としては，エネルギー幅が狭く，密度の高い光子で，強度と可干渉性，さらに指向性をもっている。

【2】 高エネルギー密度でビーム照射面積を数 μm にすることができることから，微小径の深孔加工ができる。

【3】 レーザの発振様式により溶接状態に違いができるため，用途別で使い分けが必要となる。

【4】 PVD 法では，数ミクロンオーダの薄い膜を製作できるほか，高融点材料に対しても適用ができ高速で製膜処理が行える。

11 章

【1】 通電により高温となったフィラメント表面からは大量の熱電子が放出される。これらをバイアスグリット間に導いて高電場中で大きなクーロン引力により電子を加速する。加速され高速運動している電子に磁場を与えるとローレンツ力により運動方向が変る性質を利用し，リング状の電磁石を用いて電子を集束する。

【2】 アーク溶接と電子ビーム溶接のビード形状を比較すると，前者は幅 10 mm，深さ数 mm 程度であるのに対して，電子ビーム溶接では幅が 1 mm 程度，深さは 10 mm 以上に達する。電子ビーム溶接では他の溶接法よりも材料内部まで熱エネルギーが入りやすく，深溶込み溶接が可能である。また，溶接速度も前者は数十 cm/min であるのに対して，後者は数 m/min と格段に大きい特徴がある。

【3】 電子の質量は酸素分子と比べるとわずか 1.8×10^{-8} であり，加速中の電子が空気中の酸素や窒素分子と衝突すると容易に運動エネルギーを失う。1 気圧の空気中では電子が分子と衝突するまでの距離（平均自由工程という）は 68 nm 程度しかないため，十分加速が得られない。0.1 Pa 程度の中真空では平均自由工程が 100 mm 程度となり，十分な加速エネルギーを得ることができる。

演習問題解答　　155

【4】 XPSとはX線光電子分光法（x-ray photoelectron spectroscopy）を指し，材料表面にX線を照射することで放射される光電子のエネルギー分布を測定することで，材料を構成している原子の種類やその原子の結合状態を調べることができる。XPSは材料表面数nm程度の浅い領域の分析を行う特徴があり，金属表面の酸化物層やガス吸着層を除去しないと正確な測定を行うことができない。

【5】 アセチレンガスによる鋼の溶断では，ガス火炎による熱エネルギーに加えて鋼材の燃焼反応で発生する熱エネルギーによって材料を溶融するとともに，高速のガス流で溶融金属を吹き飛ばして切断が進行する。したがって材料が酸化しにくいステンレス鋼はアセチレンガス溶断ができない。一方でプラズマ切断では10 000 ℃を超える高温のプラズマジェットを材料に吹き付けて大量の熱エネルギーを材料に与えて溶融させるため，酸化反応性がないステンレス鋼の切断が可能である。

【6】 金属表面にセラミックスを貼り合わせる方法としては，例えば退役したスペースシャトル船体表面の耐熱性セラミックスタイルのような接着を挙げることができるが，スペースシャトルで離発着時の振動などによるタイルの脱落が問題となっていたように，接着は強度や密着性に問題が生じやすい。そこで，金属表面に高温・高速度でセラミックス粒子を照射・堆積させるプラズマ溶射法が用いられるようになった。本手法は機械部品の中の耐摩耗性や耐熱性が必要な場所だけに成膜処理が行うことができることから，航空機エンジン部品をはじめ多くの機械部品に適用されている。

12 章

【1】 ウォータジェット用の高圧水ポンプの原理は基本的に注射器形の水鉄砲と同様で，ピストンを油圧やボールねじなどを利用して大きな力で駆動して高圧力を発生している。一方で渦巻きポンプや遠心ポンプなどの通常の機械式ポンプでは，インペラ（羽根車）により水を回転させて遠心力によって圧力を発生している。このようなポンプでは出口圧力の増大と共に流量が減少する特性があるため，ウォータジェット加工用のポンプとして使用することはできない。

【2】 ウォータジェットとはノズルからジェット状に噴出する高圧水を照射して軟質材の切断や材料表面の洗浄を行う方法で，最近では小形の機器が家庭用の清掃機器として市販されるようになった。一方でアブレイシブジェット加工では高圧水に砥粒を加えたジェットを照射するため，金属材料やセラミックスをはじめ繊維強化樹脂材料（FRP）や鉄筋コンクリートなどの複合材料の除去加工を行うことができる特徴がある。企業によってはこれらの方法を区別せずウォータジェット

と呼ぶことがあるので注意が必要である。

【3】 アブレイシブ加工で使用する砥粒は，基本的には遊離砥粒加工で使用する研磨砥粒と同じものを使用できる。ただし，一般的な砥粒加工と比較してアブレイシブジェット加工では砥粒を大量に使用するうえ，一度使用した砥粒は破砕して加工効率が低下するだけでなく加工くずと混合して再使用できないことから，比較的安価な溶融アルミナ（Al_2O_3）やガーネット（ケイ酸塩鉱物の総称）を用いるほか，スチールグリッドと呼ばれるサンドブラスト用の研磨材を用いることもある。

【4】 炭素繊維強化樹脂には引張強度が鋼よりも高い炭素繊維が含まれているため，ドリル加工やエンドミル加工のような切削加工では繊維が切断されずバリとして残留したり，繊維層が工具のスラスト力によって剥離する問題や，炭素繊維との擦過によって切削工具先端が急速に摩耗する問題があった。アブレイシブジェット加工では工具摩耗が原理的に全く発生しないほか，加工面品質が高くバリや剥離が生じにくい特徴があることから，装置コストが高いにもかかわらず広く用いられている。

【5】 ウォータジェット加工では高圧水がピンポイントで材料に照射されるため，材料に作用する切削抵抗以外の余計な力が作用せずに材料の変形を最小限に押さえながら切断加工を行うことができると考えられる。また，はさみやカッタでは加工が困難な複雑な形状や立体的な形状でも，同時5軸制御ウォータジェット加工機を利用することで容易に加工が可能である。

【6】 従来は削岩機や油圧機器によって機械的衝撃力を与えて破壊する方法が用いられてきたが，騒音や振動が大きいことや大量の粉塵が飛散して作業環境が悪化する問題があった。アブレイシブジェットを用いることで騒音や振動を低減できるほか，粉塵の発生が少ないため環境にやさしい施工が可能である利点がある。ただし，装置コストが高いことやスラッジを含む大量の排水が発生して，その処理が必要などの問題がある。

13 章

【1】 乾式エッチングであるプラズマエッチング，スパッタエッチング，反応性イオンエッチングなどの高エネルギー粒子を利用する方法では，エッチングが深さ方向のみに起きること。

【2】 湿式エッチングでは，液剤による純粋な反応を利用するため，液剤に接触している場所では，液面に対して垂直方向で浸食が起きる。このため，フォトレジスト下側の位置では，エッチングが極端に進むアンダーカットが発生する。

【3】 光露光では，短波長光でレンズ開口の大きいものを利用することが，図形の微

細化を可能とする。

14 章

【1】 材料費などの変動費率 M_H を 15%，固定費 S_c として人件費 30 万円，諸経費 E_c：15 万円の合計 45 万円で利益 P_r：20 万円を得るとすれば，1 カ月の目標売上高 S_o は，以下の式により求まる。

$$目標売上高\ S_o = \frac{固定費\ S_c + 目標利益\ P_r}{1 - 限界利益率\ M_H}$$
$$= \frac{450{,}000 + 200{,}000}{1 - 0.15}$$
$$= \frac{650{,}000}{0.85}$$
$$= 764{,}705.9$$
$$約 76.5 万円$$

【2】 減価償却 R：300 万円，耐用年数 n：5 年，利子年率 i：8%，年金現価係数 K_p を 3.993 である場合，工作機械の最大購入価格 M_1 は以下の式により求まる。

$$M_1 = R \cdot \frac{(1+i)^n - 1}{(1+i)^n \cdot i}$$

ただし，$\dfrac{(1+i)^n - 1}{(1+i)^n \cdot i}$ の項は年金現価係数 K_p である。

したがって，つぎの式に書き改められる。

$$M_1 = R \cdot K_p$$

この場合，年金現価係数 K_p は 3.993 であるから

$$M_1 = R \cdot K_p$$
$$= 3{,}000{,}000 〔円〕 \times 3.993$$
$$= 11{,}979{,}000 〔円〕$$
$$約 1{,}200 万円$$

索　引

【あ】
アーバ　24

【い】
イオン注入法　118
イオンビームエッチング　117

【う】
ウェーハ　134
上向き切削　23

【え】
エプロン部　4
円筒研削加工　63
エンドミル加工　25
エンドミル工具　14

【お】
送り量　4, 21

【か】
加工費用　44
型彫放電加工　83
ガンドリル　34

【き】
切りくず厚さ　39
切りくず形状　47
切込み量　4, 21
切刃溝　18

【け】
傾斜切削　36

結合剤　58
研削焼け　67
研削割れ　67

【こ】
合金工具鋼　11
工具・切りくず接触長さ　40
工具・切りくず理論
　　接触長さ　40
工具自動交換　2
工具すくい角　20, 39
高速度鋼　11
コーティッド工具　12

【さ】
サーメット工具　12
三次元切削　36

【し】
仕上げ面粗さ　46
自生作用　78
下向き切削　23
集束イオンビーム加工　118
主軸回転機構　3
焼結　11
正面フライス加工　24
心厚　16
心押台装置　3
振動子　72

【す】
数値制御　5
数値制御形工作機械　2
ストリームラグ　127
スパークアウト　66

スパッタリング　117
すり割り加工　27

【せ】
正角　20
積層構造法　106
切削加工温度　43
切削加工費　139
切削条件　44
切削速度　19
切削抵抗合力　37
切削抵抗力　37
切削動力　22
セラミックス系工具　12
センタレス研削加工　65
先端角　17
せん断角　39
せん断ひずみ　39
せん断変形　39
旋盤　3

【そ】
総形加工　26
損益分岐点　142

【た】
ダイヤモンド　55
多結晶ダイヤモンド　13
立軸形　6
立軸形旋盤　4
立軸形フライス盤　7
単結晶ダイヤモンド　12

【ち】
チップフォーマ　49

索　引

【ち】
チップブレーカ	49
チャック	3
中空形状きり	34
超音波研削加工	78
超音波切削加工	80
超音波砥粒加工	74
超音波発振器	72
超硬	11

【つ】
ツルーイング	60

【て】
テーラーの工具寿命方程式	44

【と】
砥石	58
——の3要素	59
——の自生作用	60
——の目つぶれ	60
——の目づまり	60
同時5軸制御	125
トラバース研削	62
砥粒	55
ドリル加工	30
ドレッシング	60

【な】
倣いフライス盤	7

【に】
逃げ角	18
二次元切削	36
ニュートラル窒化処理	118

【ね】
ねじ切り棒	4
ねじピッチ	4
ねじれ角	18
年金現価係数	140

【の】
ノーズ半径	21

【は】
白層	88
バフ研磨	70
刃物台	3
万能フライス盤	7

【ひ】
光硬化型樹脂	106
光造影	133
平削りフライス盤	7

【ふ】
フォトレジスト	133
負角	20
フライス加工工具	13
フライス加工様式	23
フライス盤	6

【へ】
プラズマ切断	119
プランジ研削	62
平面研削加工	61

【ほ】
ホーニング	69
ポンピング	95

【ま】
マザーマシン	3
マシニングセンタ	9
マージン	18

【ゆ】
誘導放出	96
遊離砥粒加工	68

【よ】
横軸形	6
横軸形フライス盤	8

【ら】
ラッピング	68

【り】
立方晶窒化ホウ素	2, 12
理論最大粗さ	46

【わ】
ワイヤ放電加工	83

【欧字】
ATC	2
BTA	34
cBN	2, 56
CNC旋盤	5
Colwellの近似	21
CVD法	109
FMS生産システム	10
GC砥粒	55
HAZ	102
MC形工作機械	9
NC旋盤	5
PVD法	109
WA砥粒	55
YAG	98

―――― 著者略歴 ――――

井上　孝司（いのうえ　たかし）

1975 年	大同工業大学工学部機械工学科卒業
1976 年	大同工業大学技術職職勤務
1988 年	大同工業大学助手
1998 年	大同工業大学大学院工学研究科博士課程修了（材料・環境工学専攻），博士（工学）
2003 年	大同工業大学助教授
2004 年	アメリカ カリフォルニア州立大学 DAVIS 校客員助教授
2007 年	大同工業大学（現 大同大学）教授
2018 年	大同大学名誉教授
2018 年	大同大学特任教授
	現在に至る

Petros Abraha（ペトロス　アブラハ）

1983 年	Addis Ababa 大学工学部機械科卒業
1989 年	名古屋大学工学部機械科研究生修了
1991 年	名古屋大学大学院工学研究科博士前期課程修了（機械工学第 2 専攻）
1994 年	名古屋大学大学院工学研究科博士後期課程修了（機械工学専攻），博士（工学）
1996 年	豊田工業大学招聘研究員
1998 年	名城大学講師
2001 年	名城大学助教授
2006 年	アメリカ カリフォルニア州立大学 DAVIS 校客員助教授
2007 年	名城大学准教授
2008 年	名城大学教授
	現在に至る

酒井　克彦（さかい　かつひこ）

1989 年	名古屋大学工学部機械工学科卒業
1991 年	名古屋大学大学院工学研究科博士前期課程修了（機械工学第 1 および第 2 専攻）
1994 年	名古屋大学大学院工学研究科博士後期課程修了（機械工学専攻），博士（工学）
1994 年	名古屋大学助手
1999 年	静岡大学助教授
2007 年	静岡大学准教授
	現在に至る

生 産 加 工 学
—— ものづくりの技術から経済性の検討まで ——
Fundamentals of Manufacturing — Basic Technology and Cost Efficiency —

Ⓒ Takashi Inoue, Petros Abraha, Katsuhiko Sakai 2014

2014 年 11 月 7 日　初版第 1 刷発行
2020 年 7 月 30 日　初版第 4 刷発行

検印省略	著　者　井　上　孝　司
	Petros Abraha
	酒　井　克　彦
	発行者　株式会社　コロナ社
	代表者　牛来真也
	印刷所　萩原印刷株式会社
	製本所　有限会社　愛千製本所

112-0011　東京都文京区千石 4-46-10
発行所　株式会社　コ ロ ナ 社
CORONA PUBLISHING CO., LTD.
Tokyo Japan
振替 00140-8-14844・電話(03)3941-3131(代)
ホームページ https://www.coronasha.co.jp

ISBN 978-4-339-04628-1　C3053　Printed in Japan　　　　　　（高橋）

JCOPY　＜出版者著作権管理機構　委託出版物＞
本書の無断複製は著作権法上での例外を除き禁じられています。複製される場合は，そのつど事前に，出版者著作権管理機構（電話 03-5244-5088, FAX 03-5244-5089, e-mail: info@jcopy.or.jp）の許諾を得てください。

本書のコピー，スキャン，デジタル化等の無断複製・転載は著作権法上での例外を除き禁じられています。購入者以外の第三者による本書の電子データ化及び電子書籍化は，いかなる場合も認めていません。
落丁・乱丁はお取替えいたします。

機械系 大学講義シリーズ

(各巻A5判，欠番は品切です)

■編集委員長　藤井澄二
■編集委員　臼井英治・大路清嗣・大橋秀雄・岡村弘之
　　　　　　黒崎晏夫・下郷太郎・田島清灝・得丸英勝

配本順			頁	本体
1. (21回)	材　料　力　学	西谷弘信著	190	2300円
3. (3回)	弾　性　学	阿部・関根共著	174	2300円
5. (27回)	材　料　強　度	大路・中井共著	222	2800円
6. (6回)	機　械　材　料　学	須藤　一著	198	2500円
9. (17回)	コンピュータ機械工学	矢川・金山共著	170	2000円
10. (5回)	機　械　力　学	三輪・坂田共著	210	2300円
11. (24回)	振　動　学	下郷・田島共著	204	2500円
12. (26回)	改訂　機　構　学	安田仁彦著	244	2800円
13. (18回)	流体力学の基礎（1）	中林・伊藤・鬼頭共著	186	2200円
14. (19回)	流体力学の基礎（2）	中林・伊藤・鬼頭共著	196	2300円
15. (16回)	流体機械の基礎	井上・鎌田共著	232	2500円
17. (13回)	工　業　熱　力　学（1）	伊藤・山下共著	240	2700円
18. (20回)	工　業　熱　力　学（2）	伊藤猛宏著	302	3300円
20. (28回)	伝　熱　工　学	黒崎・佐藤共著	218	3000円
21. (14回)	蒸　気　原　動　機	谷口・工藤共著	228	2700円
22.	原子力エネルギー工学	有冨・齊藤共著		
23. (23回)	改訂　内　燃　機　関	廣安・實諸・大山共著	240	3000円
24. (11回)	溶　融　加　工　学	大中・荒木共著	268	3000円
25. (29回)	新版　工　作　機　械　工　学	伊東・森脇共著	254	2900円
27. (4回)	機　械　加　工　学	中島・鳴瀧共著	242	2800円
28. (12回)	生　産　工　学	岩田・中沢共著	210	2500円
29. (10回)	制　御　工　学	須田信英著	268	2800円
30.	計　測　工　学	山本・宮城・臼田 高辻・榊原　共著		
31. (22回)	シ　ス　テ　ム　工　学	足立・酒井 髙橋・飯國　共著	224	2700円

定価は本体価格+税です。
定価は変更されることがありますのでご了承下さい。

◆図書目録進呈◆

機械系教科書シリーズ

(各巻A5判，欠番は品切です)

■編集委員長　木本恭司
■幹事　平井三友
■編集委員　青木　繁・阪部俊也・丸茂榮佑

配本順		書名	著者	頁	本体
1.	(12回)	機械工学概論	木本　恭司 編著	236	2800円
2.	(1回)	機械系の電気工学	深野　あづさ 著	188	2400円
3.	(20回)	機械工作法（増補）	平井三友・和田任弘・塚本晃久 共著	208	2500円
4.	(3回)	機械設計法	朝比奈奎一・黒田孝春・山口健二・古川勉・荒井誠・吉村克・浜克徳・斎藤己洋藏 共著	264	3400円
5.	(4回)	システム工学		216	2700円
6.	(5回)	材料学	久保井恵 共著	218	2600円
7.	(6回)	問題解決のための Cプログラミング	佐中村藤次理男・一郎昭 共著	218	2600円
8.	(7回)	計測工学	前木田村良啓一至郎 共著	220	2700円
9.	(8回)	機械系の工業英語	押野水雅秀之雄 共著	210	2500円
10.	(10回)	機械系の電子回路	牧高橋部晴俊榮也 共著	184	2300円
11.	(9回)	工業熱力学	丸茂榮佑・木本恭司 共著	254	3000円
12.	(11回)	数値計算法	藪井藤田民惇男 共著	170	2200円
13.	(13回)	熱エネルギー・環境保全の工学	井木本崎恭友紀司光雄彦 共著	240	2900円
15.	(15回)	流体の力学	山坂田口村靖 共著	208	2500円
16.	(16回)	精密加工学	田明吉菜石内夫誠 共著	200	2400円
17.	(30回)	工業力学（改訂版）		240	2800円
18.	(31回)	機械力学（増補）	青木　繁 著	204	2400円
19.	(29回)	材料力学（改訂版）	中島　正貴 著	216	2700円
20.	(21回)	熱機関工学	越老固本部田川敏智潔俊恭明弘光也一 共著	206	2600円
21.	(22回)	自動制御	阪飯吉早樫矢重野松髙恭弘順洋明彦一男 共著	176	2300円
22.	(23回)	ロボット工学		208	2600円
23.	(24回)	機構学		202	2600円
24.	(25回)	流体機械工学	小池　勝 著	172	2300円
25.	(26回)	伝熱工学	丸茂榮佑・矢尾匡永・牧野州秀 共著	232	3000円
26.	(27回)	材料強度学	境田　彰芳 編著	200	2600円
27.	(28回)	生産工学 ―ものづくりマネジメント工学―	本皆位川田光健重多郎 共著	176	2300円
28.		CAD／CAM	望月　達也 著		

定価は本体価格＋税です。
定価は変更されることがありますのでご了承下さい。

図書目録進呈◆

機械系コアテキストシリーズ

(各巻A5判)

■編集委員長　金子 成彦
■編集委員　大森 浩充・鹿園 直毅・渋谷 陽二・新野 秀憲・村上 存（五十音順）

配本順			頁	本体
材料と構造分野				
A-1	(第1回)	材料力学　渋谷 陽二／中谷 彰宏 共著	348	3900円
運動と振動分野				
B-1		機械力学　吉村 卓也／松村 雄一 共著		
B-2		振動波動学　金子 成彦／姫野 武洋 共著		
エネルギーと流れ分野				
C-1	(第2回)	熱力学　片岡 勲／岡田 憲司 共著	180	2300円
C-2	(第4回)	流体力学　鈴木 康方／関谷 直樹／彭 國義／松島 均／沖田 浩平 共著	222	2900円
C-3		エネルギー変換工学　鹿園 直毅 著		
情報と計測・制御分野				
D-1		メカトロニクスのための計測システム　中澤 和夫 著		
D-2		ダイナミカルシステムのモデリングと制御　髙橋 正樹 著		
設計と生産・管理分野				
E-1	(第3回)	機械加工学基礎　松村 隆／笹原 弘之 共著	168	2200円
E-2	(第5回)	機械設計工学　村上 存／柳澤 秀吉 共著	166	2200円

定価は本体価格＋税です。
定価は変更されることがありますのでご了承下さい。

図書目録進呈◆